普通高等教育“十一五”国家级规划教材
21 世纪全国高校应用人才培养信息技术类规划教材

软件工程理论与应用

杨　丰　主　编
周广田　钟颖莉　副主编
陈立言　韩　轲　参　编

北京大学出版社
PEKING UNIVERSITY PRESS

内 容 简 介

本书结合国内外经典软件工程的精华和软件项目开发的实践经验，采用案例讲解方式，详细阐述软件开发的过程、方法和使用的工具，同时，对传统开发方法和面向对象开发方法分别详述，有利于读者理解和比较两种方法的特点。本书主要内容包括：软件开发过程模型、需求分析、系统总体设计和详细设计、编码实现、软件测试方法以及软件工程管理等。

本书可以作为高等院校计算机专业、软件工程专业、信息管理专业的教材或教学参考书，也可以作为通信、电子工程、自动化等相关专业的软件工程课程的教材。

图书在版编目(CIP)数据

软件工程理论与应用/杨丰主编. —北京:北京大学出版社,2010.6
(21世纪全国高校应用人才培养信息技术类规划教材)
ISBN 978-7-301-13070-4

Ⅰ.软… Ⅱ.杨… Ⅲ.软件工程 Ⅳ.TP311.5

中国版本图书馆CIP数据核字(2007)第192185号

书　　名：软件工程理论与应用
著作责任者：杨　丰　主编
策 划 编 辑：温丹丹
责 任 编 辑：温丹丹　沈　娟
标 准 书 号：ISBN 978-7-301-13070-4/TP·0929
出 版 发 行：北京大学出版社
地　　址：北京市海淀区成府路205号　100871
电　　话：邮购部62752015　发行部62750672　编辑部62765126　出版部62754962
网　　址：http://www.pup.cn
电 子 信 箱：zyjy@pup.cn
印　刷　者：河北滦县鑫华书刊印刷厂
发　行　者：北京大学出版社
经　销　者：新华书店
787毫米×1092毫米　16开本　12印张　288千字
2010年6月第1版　2010年6月第1次印刷
定　　价：24.00元

前　言

软件工程是计算机科学的一个重要组成部分，一直以来都是软件工作者不断探究、研究的领域。软件工程是指导软件开发的学科，在大学本科阶段，计算机专业的学生需要不断形成一定的软件开发模式，掌握软件开发的要领。因此，软件工程课程给出软件开发的基本概念、开发方法、开发模式和开发实例，有助于学生通过理解和掌握软件工程的概念、方法，学会运用软件工程的基本原理，并应用到实际和实践中去。软件工程课程是计算机专业课程体系的一个重要部分，它需要有计算机专业的其他专业基础课程作为支撑，融合了多门课程的知识精华，结合了自身的原理、方法、技术和实践经验，培养学生形成良好的软件开发习惯和开发软件的模式。软件工程学采用了工程化的原理、方法，结合管理技术和先进的开发技术，更及时准确、经济地开发出高质量的软件系统。软件工程学研究广泛，包括软件开发方法、技术、工具和管理方法等多方面的内容。在实际应用中严格遵循软件工程的原理和方法，可以极大地提高软件开发的效率，提升软件开发的质量，降低软件开发的成本，及时准确地为用户提供相应的软件系统。

目前，计算机专业的本科学生的专业课程学习，更多地侧重在实际的运用上，课程不能单纯从理论知识进行讲授，而且随着计算机技术的飞速发展，从计算机开发语言到软件系统的开发模式、方法等都发生了很大的变化，同时，软件应用规模和范围也不断扩大和越来越广泛，软件工程知识表示出了纷繁复杂的多样性，这给软件工程课程的讲授带来了复杂性。软件工程课程到底应该给计算机专业的本科学生带来哪些知识，是目前很多软件工程研究者不断探究的问题。本书从学生知识积累的实际角度出发，既要详尽地阐述软件工程的基本原理和基本方法，同时也要结合近几年来不断完善的新技术和新方法，注重理论、方法和应用特点，对软件开发全过程进行阐述，包括分析、设计、实现、测试和软件工程管理等方面的内容，同时给出相应的实例。

本书本着理论不脱离实践的原则，文字通俗易懂，概念清晰，内容简洁明了，可作为高等学校计算机专业课程的教材和教学参考书。

本书的编者都是长期从事软件工程课程讲授的高校计算机专业教师，有着丰富的教学经验，同时也是多年从事软件系统开发工作的人员，既有理论知识，又有实践工作经验，经历了早期软件开发，也面临着现代软件开发方法、技术的更新，有效地融合经典软件开发方法，能够将经典开发中所获得的经验与现代开发方法结合，有利于促进新技术、新方法的不断完善。本书的第 1、2、4 章由黑龙江大学杨丰、周广田编写；第 3 章由黑龙江大学陈立言编写；第 5 章由哈尔滨商业大学韩轲编写；第 6 章由黑龙江大学钟颖莉编写。由于软件工程知识的不断变化，书中难免存在很多不当之处，恳请读者批评指正，并提出宝贵意见，以便进一步完善。

编　者

2010 年 4 月

目　录

第 1 章　软件与软件工程

本章概述和学习目标

通过本章的学习，将会了解到软件的概念、特点和发展过程，进一步了解软件工程的重要意义，并熟悉软件开发过程模型、特点和相应的应用等。分为以下 4 个方面：

- 软件的概念、特点以及软件的分类；
- 软件工程学科的形成；
- 软件过程模型的种类与特点；
- 理解软件工程的应用过程，相应地配合了案例分析。

随着计算机技术、电子技术的巨大进步，计算机与 Internet 相连，使社会成为以计算机为核心的信息社会。使计算机能够工作起来的软件正渗入到我们的生活中，有效地提高了人们的工作效率和生活水平。比如，在生活中，我们可能会用到微波炉、洗衣机，它们提供了自动化的工作过程，机器通过内部的程序把要加热的食物自动地从运行到停止，从自动注水到排水、洗衣完成；在工作中，我们会发邮件给朋友、工作伙伴，在网上传送文件、设计和生成各种报表等，这些都大大提高了工作效率。为了使计算机更好地为人们所用，软件成为必不可少的部件，因此，人们越来越重视软件开发过程。如何适应时代的要求，高效、准确地开发软件是软件开发人员寻求的目标。

本书着重描述软件工程的技术、方法，并结合信息系统和实时系统的应用案例进行分析，详细阐述如何在实际项目中运用软件工程的技术和方法，并给出相应的图例和文档说明。

1.1　软　　件

目前，社会已经进入以计算机为核心的信息社会，信息的获取、处理和人与人之间的交流、决策等都离不开软件，因此，人们对软件提出了更高的要求，为使软件资源能够达到资源共享，以高性价比的方式生产软件对于社会的经济运作是必不可少的。

1.1.1　软件的概念

在第一台计算机问世以后，很多尖端科学计算都采用了计算机，这也是计算机由此得名的理由。由于硬件电路的大规模集成化，计算机由笨重的设备发展成为掌上电脑，并且计算机的应用也由简单的计算到智能化应用。计算机软件的发展经历了 4 个阶段。

（1）第一个阶段是 20 世纪 50 年代到 60 年代，是计算机系统开发的初期阶段。大多数计算机系统采用的是面向批处理方式，程序的实现也是基于批处理的过程编写的。计算机系统中的多数软件是用户自己设计、自己使用、自己维护。此阶段的特点是软件规模小、文档不完整，开发过程的中间结果一般都不保留，软件开发依赖于程序员的个人技能，软件开发不规范，生产率低，开发过程很难管理，开发计划难以实施，经常性延期，成本不断增加并难以估算和控制，软件质量得不到保证。但在这个阶段仍有很多软件给复杂的工作带来了帮助，例如，军事、国防所采用的应用软件。

（2）第二个阶段是20世纪60年代到70年代，采用了实时多任务方式，引进了多用户、多道程序和人机交互等概念。此阶段的特点是软件规模达到数万行代码，一个软件产品可以为多个用户所使用，改变了软件由自己开发、自己使用的被动局面。同时，数据库语言的出现，程序的实现不单纯是计算机指令集，而是要求编写易于维护的程序，出现了文档的要求。

（3）第三个阶段是20世纪70年代到80年代的分布式阶段。分布式系统是多台计算机同时各自执行某些功能，并与其他计算机通信，极大地增加了计算机系统的复杂性。分布式系统、计算机网络、嵌入式计算机系统有了很大的发展，广泛应用于人们工作、生活的各个领域。基于网络方式的软件应用形成了巨大优势，广域网、局域网、高宽带数字通信以及对“即时”数据访问需求的增加，都对软件开发者提出了更高的要求。

（4）第四个阶段是从20世纪80年代开始的智能化阶段。由复杂的操作系统控制的强大的桌面系统，以及广域网和局域网，配合以先进的软件应用标准，计算机体系结构从集中的主机环境转变为分布的客户机/服务器环境。软件开发采用面向对象的编程思想，结合强大的桌面系统、面向对象技术、专家系统、人工智能等思想，解决了大量的实际问题。多媒体技术将计算机的图形、图像、文字、声音处理集成在一起，提高了计算机的信息处理能力，扩大了计算机的应用领域，Internet环境下的软件开发技术、分布计算环境下的软件互操作技术引起了广泛的研究兴趣。

从软件发展的过程能够看到，作用于计算机上的程序也不再仅仅是公式的计算，更多地含盖了设计思想、设计过程、实现过程等内容。一般来说，计算机软件是与计算机系统操作有关的程序、规程、规则及任何与之有关的文档和数据。因此，软件是由程序、数据、文档组成，通常表示成：软件＝程序＋数据＋文档（Software＝Program＋Data＋Document）。程序（Program）是用程序设计语言描述的、适合于计算机处理的语句序列，它是软件开发人员根据用户需求开发出来的指令的集合。而数据（Data）是软件必不可少的成分，任何软件都要有数据的输入输出、存储以及相应的处理。文档（Document）是一种数据媒体和其上所记录的信息，可用于记录软件开发人员的开发过程的活动，也用于专业人员与用户的交流，利用软件文档，提高了软件开发的效率和软件产品的质量。

综上所述，软件可定义为：计算机语言程序和所有使程序能够运行所需要的数据和文档。也就是说，软件不再是大量的源程序清单，而是作为一种看得见、摸得着的实实在在的产品。

因此，软件包含了以下3个方面的含义。

（1）运行时，能够提供所要求功能和性能的指令或计算机程序集合。

（2）程序能够满意地处理信息的数据结构。

（3）描述程序功能需求以及程序如何操作和使用所要求的文档。

软件产品（Software Product）是指向用户提供的计算机软件、信息系统或设备中嵌入的软件或在提供计算机信息系统集成、应用服务等技术服务时提供的计算机软件。软件产品实行登记和备案制度。

软件产品实例：网络购物系统（如 E- Bay）、Microsoft XP 操作系统、政府办公网、校园网、高考报名系统、手机操作系统、家庭使用的智能化系统等。

1.1.2　软件的特征

软件作为一种产品，具有产品的特点，同时，由于软件又是开发人员倾注更多的逻辑思维的产物，又为软件蒙上一层神秘的面纱，软件的逻辑性给软件添加了另一方面的特征。下面比较一下硬件与软件作为产品的不同特征。

1. 有形性与无形性

硬件产品是看得见、摸得着的实实在在的产物，能够很直观地看到它的形状、结构、连接方式，而软件是无形的（Intangible），对它的形状、外观、操作方式很难直接加以描述。在产品完成过程中，硬件产品能够较为准确地判断某一个阶段完成了多少，完成的结果会是什么效果，并在生产过程中不断加以修正。可是，软件产品很难知道某个阶段进行到什么程度，完成多少，看不到设计过程，看不到阶段性成果，最后的结果到底会达到什么效果，是很难预料的。

2. 物理性与逻辑性

硬件产品的每一处连接、每一器件工作状态都能以物理的方式表明产品的存在，并以每一器件的特性构成整体特性；而软件体现在整体性能上的却是各个部分内在的逻辑关系，不能用操作的过程表明其内在的逻辑性。

3. 劳动密集型与自动化

目前来说，软件制作过程仍然是劳动密集型，手工作坊的生产方式，重复劳动的过程很多，自动化程度很低，产品制作完成后的大批量生产却是非常简单；而硬件产品的批量生产都是以流水线的自动化生产方式实现的。

4. 磨损与老化过程

任何一种硬件产品长时间使用都存在磨损与老化的过程，硬件产品的故障率曲线如图 1-1 所示。

在硬件产品制作过程中存在很多故障，经过不断修正，产品性能趋于平稳，达到正常工作状态，但是，随着时间的推移，硬件产品会受到材料本身的老化和不断磨损等因素影响，故障率升高而近于废弃不用的状态。

软件产品不存在这样的过程，它是一种逻辑产品，不会受材料的老化影响，在理想状态下，它的故障率曲线如图 1-2 所示。

软件在制作过程中故障率很高，存在很多的缺陷，需要开发人员不断修正，软件系统趋于平稳，但是软件系统不像硬件产品那样，随着时间的推移，软件产品能够一直保持平稳状态运行下去，而没有磨损与老化的过程。

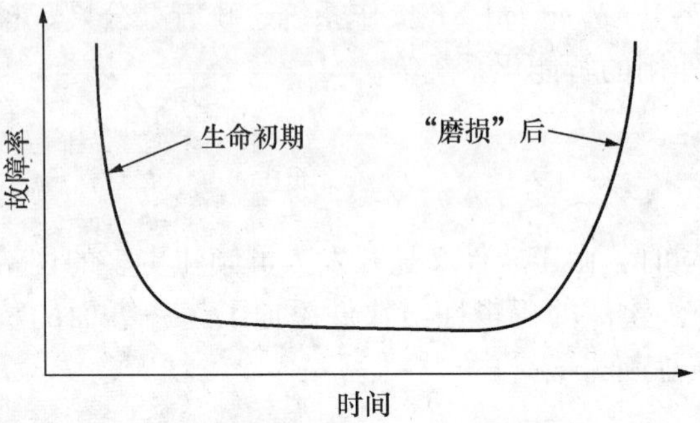

图 1-1 硬件的故障率曲线（浴缸曲线）

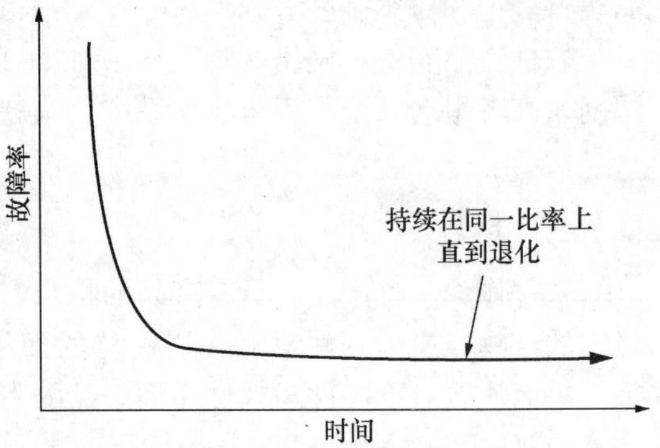

图 1-2 软件的故障率曲线（理想情况下）

但是，以上只是在理想状态下，实际情况有些不同，软件的修正并不是像人们想象的那样，一定是朝好的方向修正，而是在不断修正的过程中又不断引发新的错误，这样的软件故障率曲线如图 1-3 所示。

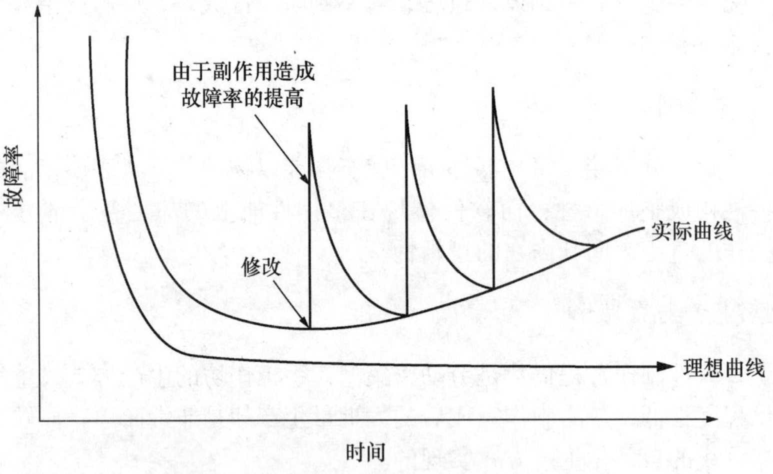

图 1-3 软件的故障率曲线（实际情况下）

5．环境的依赖性

硬件产品可以作为一个独立的产品存在于工作和生活中；但是，软件产品更多地依赖于硬件环境，如嵌入式软件依赖硬件的电路，自动控制系统依赖硬件电路和外围设备。因此，软件产品不能独立存在，必须有相应的环境支持才能运行。

通过以上的分析表明，软件产品的特性决定了这个产品不是简单的产品，而是一种独特的产品，在实现的过程中不能仅仅采用工程化的方式，而要更多地融入社会因素。

一般的，软件具有如下的特点：

- 软件是一种逻辑实体，具有抽象性；
- 软件没有明显的制造过程；

- 软件在使用过程中，没有磨损、老化的问题；
- 软件对硬件和环境有着不同程度的依赖性；
- 软件的开发至今尚未完全摆脱手工作坊式的开发方式，生产效率低；
- 软件是复杂的，而且以后会更加复杂；
- 软件的成本相当昂贵。

1.1.3　软件的分类

计算机作为一种工具，应用在各行各业，这就使得各行各业有不同种类的软件。一般情况下，软件的种类可以按不同类型的工程对象特点和软件规模划分。

1. 基于不同工程对象划分

（1）通用软件产品（Generic）。由软件开发机构制作，市场上公开销售，可以独立使用，如数据库软件、字处理软件、绘图软件、工程管理工具。

（2）定制软件产品（Bespoke Custom）。受特定客户委托，由软件承包商专门制作。如某一应用领域的自动控制系统、特定业务处理系统、智能化产品等。

这两类软件的不同主要在于：在通用软件中，软件描述由开发者自己完成，而定制软件产品，其软件描述通常是由客户给出，开发者必须按照客户要求进行开发。

2. 基于软件规模的划分

一般来说，软件系统按程序规模划分的比较多，也即按程序代码行数的大小划分，分为小型、中型、大型软件系统，如表 1-1 所示。

表 1-1　软件规模分类

软件规模分类	程序规模	说　明	软件工程的运用
小型	5000 行以下	个人程序、科学计算程序、报表生成程序、小型商业程序等	实现
中型	5000～100000 行	编译程序、汇编程序、管理信息系统、过程控制系统等	设计和实现
大型	10 万行以上	操作系统、数据库软件包、图形软件、实时控制系统等	开发方法和管理方法

根据软件规模大小，软件工程的应用侧重点不同。在小型软件规模的系统开发过程中，虽然也采用软件工程的实现方法，但仅仅侧重在实现部分的实施上；中型软件系统开发应用软件工程思想、方法比较多，会更多侧重在设计与实现部分；大型软件系统必须运用软件工程的思想、方法和工具，对每一阶段的开发步骤都会运用软件工程的分析、设计原则，并伴有相应的文档，实现部分更多的是强调统一的风格。

因此，所有软件系统的开发必须从头至尾坚持软件工程的思想、方法，严格遵循标准文档的格式和正规的复审制度。

（1）微小型软件。通常微小型软件都是由一个人开发，并局限在某个很小的范围内使用，或者是个人使用，如个人为理财、家庭物品等采用计算机管理而编制的软件。一般程序长度都在2 000行以内。在开发过程中，不讲究开发方法和开发实施的步骤，没有相应的软件编写文档，日后会根据需要不断修改，或废弃不用。

（2）中型软件。目前来说，软件越来越复杂，应用也越来越广泛，同10年前相比，软件规模远远地增大了，特别是中型软件，在社会发展中占据重要的位置。如企业管理、生产自动化、校园网络建设、政府信息化等这些专门应用软件，小型分时系统、编译系统、实时控制系统等也属于这个范畴。因此，在划分中型软件方面，通常程序长度在5 000～10 000行之间，一般需要5～10人、持续1～2年时间开发，以团队方式采用统一的标准开发模式，实行严格的审查制度，按照软件工程开发方法进行有效的规划和实施，能够提高工作效率。

（3）大型软件。电信、银行、金融、证券、保险等领域都采用了网络和通信技术，伴随庞大的数据库处理的这类软件，以及大型多任务操作系统、大型数据库管理系统，还有更为庞大的软件，如军事指挥、弹道导弹防御系统等项目的开发，都是大型或超大型软件。这类软件的开发必须采用软件工程指导下的软件开发方法和遵循相应的开发规范，建立软件开发过程的文档，由上百人、甚至上千人参加形成庞大的开发团队，不同领域的人员相互沟通合作。

1.1.4 软件的应用

软件成为我们生活中不可缺少的一个重要部分，可以应用于任何场合。如家用电器、电视、电话、数码相机等都是生活中常用的物品，工作中的普通文件的制作与发送、图像的处理、网上信息发布等是我们工作中经常要做的事情。数字化时代的到来，更使得我们生活、工作和娱乐都离不开计算机，也就势必脱离不了软件。

随着软件复杂程度的增加，软件的应用领域非常广泛，一般按应用分类有：

（1）系统软件。是一组为其他程序服务的程序。如操作系统（Microsoft Windows、Linux）和计算机语言的编译系统等。它具有管理计算机硬件和软件资源、实现多用户交互与调度、资源共享、复杂的数据结构和外部接口等特点。

（2）实时软件。管理、分析、控制现实世界中发生的事件的程序。一个实时系统必须在严格的时间范围内响应。实时软件的组成一般包括：数据采集部件，负责从外部环境中获取信息；分析部件，负责将收集的信息转变成应用所需的形式。如飞机订票系统、航空航天的软件系统。

（3）商业软件。商业信息处理是最大的软件应用领域。如财务软件、ATM及银行软件系统、库存清单等均为管理信息系统（MIS）软件，它可以访问一个或多个包含商业信息的大型数据库。

（4）工程和科学计算软件。这类软件的特点是一般具有数值计算，应用很广泛，如生产过程自动控制系统、工程预算软件系统等。

（5）嵌入式软件。智能产品应用于所有的领域，嵌入式软件作用于这些智能产品，执行有限但专一的功能，如家电智能产品中的洗衣机、微波炉等，以及控制能力强大的汽车中的数字控制，工业应用中的独立控制器等。

（6）个人计算机软件。用于个人的文字、图片、财务、娱乐等方面的软件系统，如个人理财、家庭管理、个人文件管理系统等。

（7）人工智能软件。人工智能（AI）软件利用非数值计算解决复杂问题，如比较典型的专家系统、智能游戏、生物智能分析系统等。

【例 1-1】 目前，国家环保局正致力于环境保护，对生产企业污水处理、生活小区空气指数、资源的利用等情况进行深入调查并采取相应的措施。在对沿江河等流域的企业进行调查发现，我国很多的石油、制药、化工等企业是沿江河建立的，生产过程中产生的废水给人民的生活带来不便，环境保护成为人们生活中重要的一部分。因此，国家为加强环境保护，将致力于环境监测与管理，为子孙后代造福。国家环保总局希望通过实时的环境监测提高监管的力度，建立一种系统能够直接监测企业排污情况、空气污染指数等实时数据，为国家环保局的管理与决策提供有力的证据。

国家环保局的基本要求是建立网络方式的实时监控与管理信息系统，并建立企业与人民生活环境的监测点，对环境数据实时传送，各级环保部门对实时数据进行分级管理，形成对国家、省地市环保的决策支持。如何利用计算机网络方式实现环保管理与决策的自动化？

可以根据基本要求，采用软件工程的原理、方法对该系统进行分析与设计。在后续的章节中，本书将给出相应的文档以及进一步促进学生依据文档开发项目的案例。

1.1.5　软件的未来与工业化

很多年前人们梦想着可以在家中办公、购物、看病、聊天，现在，这些都已实现，有些已经成为我们生活和工作的一部分。在拥有计算机技术、网络技术、无线技术的现代，不难得出结论，软件是社会生活的巨大驱动力，会提高生活质量、工作效率，使生活简单化、智能化。然而，软件的发展将会更多地面临大型系统的开发、复杂程度的急剧增加、无处不在的应用领域。

软件产业是国民经济和社会发展的基础性、战略性产业，是 21 世纪国际竞争的焦点。以软件主导硬件已经成为信息产业发展的必然趋势。因此，世界各国都竞相发展软件产业，以期在未来激烈的国际竞争和分工中占据有利地位。小作坊式的生产使我国软件业产生一系列“连锁反应”：大量重复制作一些定制的小软件，严重浪费资源；大量小规模软件公司的存在使软件业处于一个低层次的运作而陷入恶性循环等。目前，国产软件产品主要集中在中文环境支持系统和应用软件领域，而在操作系统、数据库等利润最丰厚、也最需技术实力的软件上却无人问津。因为这些技术复杂度相当高的支撑软件需要大量的人力和资金投入，而国内软件企业大都热衷“二次开发”来获取短期利润。基于上述原因，中国要实现民族软件产业真正的升级，软件产业必须在产品、市场、资本运作尤其是企业管理方面与国际接轨。

首先，在产品方面推行软件工业化生产技术和模式是十分必要的。随着计算机应用领域的不断扩大，信息系统日趋复杂，软件日益显示出群体特性，要高质、高效地开发出大型复杂软件系统已不再是个体或小作坊软件企业所能完成的工作。

其次，改革传统的计算机教育体系，以适应软件开发新形势。早期的计算机专业课程体系中很少有软件管理工程课程，为适应现代软件开发形势的要求，应不断改进计算机教育和课程体系。

最后，引入国际通行的CMM认证，同时对现有国内软件资源进行大规模的整合尤为必要。作为目前国际上最实用的软件生产过程标准和软件企业成熟度等级认证标准，CMM能帮助软件企业改进和优化管理，实现软件生产工程化。

外部环境的改变，并不能完全解决我国软件发展的瓶颈，只有真正按照工业化标准要求软件企业，才能脱离小作坊生产和“个人英雄主义”。仅仅以产值作为衡量软件业是否发展良好是不全面的，软件企业的内功是否过硬、软件品质是否得到保证、软件企业是否确立了工业化意识而具有持续竞争力，更应成为评价我国软件产业发展的标准，也是我国软件业自强的必由之路。

任何一个软件都是代表一个客观世界特性的提炼，那么任何一个软件都有其领域特征。所有领域的特征和系统基本需求决定了软件的结构性。实现软件生产方式变革，即软件必须从手工作坊式转变为工业化的生产方式，要有工业化的开发方法和工业化的生产技术。生产过程中不但要有支撑环境和工具，更要有标准规范和体系。重视软件基础设施建设，也就是要为软件的实施创建优良的产业发展环境，因为软件工程需要有一定的平台。软件不仅是作品，更要成为用户所用的产品，因此，要求有良好的产业组织模式。只有这样，才能够真正地形成软件产业，才能够有产品；只有这样，中国软件产业才能够得到真正的发展，才能够取得巨大成就。

1.2 软件工程

软件工程（Software Engineering）是有创造力、有知识的人在定义好的、成熟的软件过程框架中进行的。软件工程术语首次出现在1968年北大西洋公约组织（NATO）会议上，是针对当时软件开发过程中存在的一些问题提出的一种解决思路，试图建立并使用正确的工程方法开发出成本低、可靠性好并能在机器上高效运行的软件。

1.2.1 软件工程的概念

软件工程师（Software Engineer）采用问题求解的过程，通过使用计算机来解决实际问题。大多数问题大而复杂，很难加以控制，特别是一些以前从没有遇到过的问题。那么，首先需要对问题进行分析，把一个大问题分解成许多能够理解的小的部分，对这些小的部分加以描述，如图1-4所示。

罗马城不是一夜造成的，而是一天一天地逐步修建的。解决问题也是如此，要有耐心，从局部问题入手，不知不觉中你会发现，全局问题已经被解决了。从局部问题入手，将大问题分解成小问题，这一原则放之四海而皆准。经过分析之后，从各个子问题所代表的各个方面出发构造问题的解决方案，即从小的结构综合成大的结构。因此，任何一个问题的求解过程都是由两部分组成：一是分析问题、分解问题，寻求问题本质；另一个是基于分析的结果归纳综合问题的解决办法。为了解决问题，通常采用一系列的方法、工具、过程和模式。方法是对产生结果的标准规程描述；工具是一种仪器或者是自动化系统，可以提供更精确、更有效、更高质量的产品，如经常使用的剪刀比用手撕来得更直接、更有效；过程给出了任务完成的步骤或者活动；模式是一种风格，代表了一种特殊方式的执行过程。

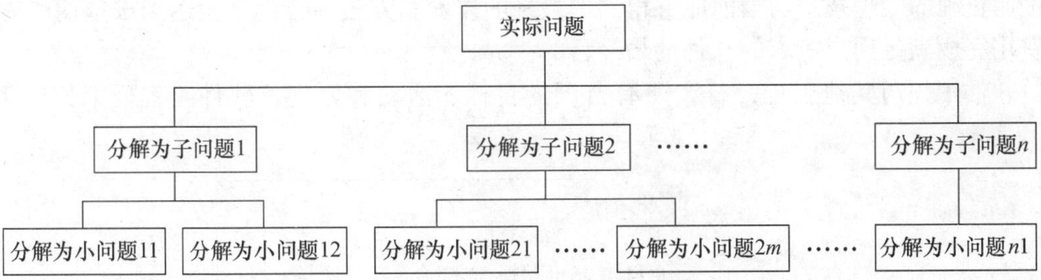

图 1-4　问题分解的特征

软件工程师运用方法、工具、过程和模式来提高软件产品的质量，对实际问题给出有效的解决方案。

目前，在软件开发过程中主要存在以下一些问题。

(1) 软件需求急剧增长。由于大规模集成电路的出现，使得计算机的硬件成本降低，对计算机使用的需求急剧增加，然而软件生产率远远低于硬件生产率和计算机应用的增长率。

(2) 软件开发成本和进度估计不准确。通常实际软件成本远远高于预计的成本；开发进度估计不足，实际进度延期。

(3) 软件产品不满足用户需求。软件开发人员对用户需求缺乏深入、准确的了解，软件开发人员与用户之间缺乏很好的沟通，经常是闭门造车，致使软件产品不能满足用户的需求。

(4) 软件难以维护。软件中存在的错误很难进行修改，并且为适应新的需要，在没有相应说明的情况下很难添加相应的程序，维护的成本相当高。

(5) 软件价格昂贵。软件成本要远远高于硬件成本，与硬件性能价格比迅速提高形成反差。

提示：人们常常谈到的软件中的"病虫"——Bug，可能是一段代码中的错误，或者是引起系统崩溃的原因。IEEE729 标准中给出了 Bug 的定义：

(1) 可能是在执行软件活动中引发的错误或缺陷。如设计者错误地理解了需求并且构造了一个不满足需求的设计，必然导致其他错误。不正确的代码、不正确的用户操作手册以及一个简单的错误可能引发许多错误，这个缺陷驻留在产品的开发和维护过程中。

(2) 不能按系统要求正确运行也是一种错误，通常在系统发布、测试、运行和维护的前后发生。开发人员能够看到的错误或缺陷，是系统内部的；而失败是系统外部的，是用户看到系统存在的问题。

因此，为解决上述问题，从以下几个方面入手。

(1) 采用工程化原理和方法系统地研制和维护软件。

（2）采用软件开发技术、方法和工具开发和设计软件。

（3）采用规范的管理措施对软件开发过程进行管理。

由此，得到软件工程的基本定义。

软件工程是采用工程的概念、原理、技术和方法来开发与维护软件，把经过时间考验而证明正确的管理技术与当前能够得到的最好的技术和方法结合起来，达到按预期的时间和费用完成满足用户需求的软件的最终目的。

软件工程与其他工程一样，要有自己的目标、活动和原则，软件工程框架如图 1-5 所示。

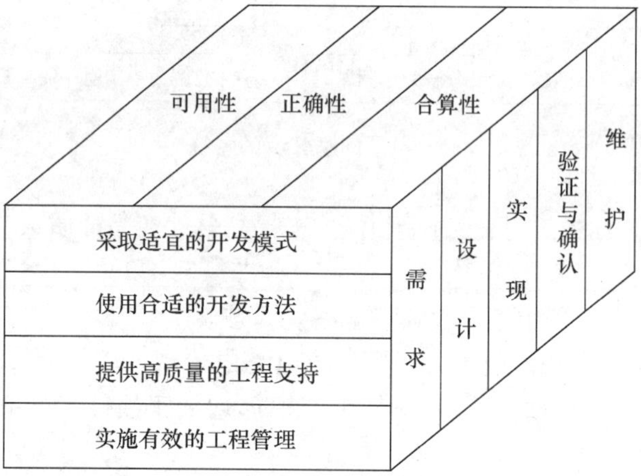

图 1-5　软件工程框架

软件工程的基本目标是生产具有正确性、可用性及开销合宜（合算性）的产品。

- 正确性意指软件产品达到预期功能的程度；
- 可用性意指软件基本结构、实现及文档达到用户可用的程度；
- 开销合宜意指软件开发、运行的整个开销满足用户的需求。

以上目标的实现不论在理论上还是在实践中均存在很多有待解决的问题，制约了对过程、过程模型及工程方法的选取。

软件工程活动是“生产一个最终满足用户需求且达到工程目标的软件产品所需要的步骤”，主要包括需求、设计、实现、确认以及支持等活动。

- 需求活动是在一个抽象层上建立系统模型的活动，该活动的主要产品是需求规约，是软件开发人员和客户之间契约的基础，是设计的基本输入。
- 设计活动定义实现需求规约所需的结构，该活动的主要产品包括软件体系结构、详细的处理算法等。
- 实现活动是设计规约到代码转换的活动。
- 验证与确认是一项评估活动，贯穿于整个开发过程，包括动态分析和静态分析，主要技术有模型评审、代码走查以及程序测试等。
- 维护活动是软件发布之后所进行的修改，包括对发现错误的修正、对环境变化所进行的必要调整等。

围绕工程设计、工程支持以及工程管理，提出以下软件工程基本原则。

（1）选取适宜的开发风格。保证软件开发的可持续性，并使最终的软件产品满足客户的要求。

（2）采用合适的设计方法。支持模块化、信息隐蔽、局部化、一致性、适应性、构造性、集成组装性等问题的解决和实现，以达到软件工程的目标。

（3）提供高质量的工程支持。提供必要的工程支持，例如配置管理、质量保证等工具和环境，以保证按期交付高质量的软件产品。

（4）有效的软件工程管理。仅当对软件过程实施有效管理时，才能实现有效的软件工程。

由以上软件工程的概念和框架可以看出，软件设计的主要目标就是要实现好的结构，使开发的软件具有良好的构造性和演化性。软件工程学科所研究的内容主要包括：软件开发范型、软件设计方法、工程支持技术和工程管理技术。其中，软件开发范型涉及软件工程的“方向”问题，研究正确的求解软件的计算逻辑；软件设计方法涉及软件工程的“途径”问题，研究“高层概念模型和处理逻辑”到“低层概念模型和处理逻辑”的映射；工程支持技术和工程管理技术涉及工程质量和产品质量问题，研究管理学理论在软件工程中的应用。如上所述，软件开发就是实施了一个从“高层概念模型”到“低层概念模型”的映射，从“高层处理逻辑”到“低层处理逻辑”的映射，而且在这一映射中还涉及人员、技术、成本、进度等要素，那么必须研究映射模式即软件生产模式问题。

软件工程也是一种层次化技术，由方法、工具和过程三个方面组成。任何工程方法必须以有组织的质量为基础。全面的质量管理推动了过程改进，从而导致了更加成熟的软件工程方法的不断出现。支持软件工程的根基在于对质量的关注。

- 软件工程的基层是过程层，软件工程过程是将技术层结合在一起，合理地、及时地开发出软件产品，过程定义了软件开发的框架、软件开发的活动和活动之间的关系，规定了采用的技术方法、文档和数据的形式、质量保证等要求；
- 软件工程的方法层提供了构造软件在技术上需要的原则和基本描述形式；
- 软件工程的工具层对过程和方法提供了软件开发过程的自动化或半自动化的支持，形成了支持软件开发的系统，称为计算机辅助软件工程（CASE），CASE 集成了软件、硬件和软件工程开发过程所需要的信息，形成了软件工程环境。

因此，软件工程是从软件开发技术和软件工程管理两个方面，对实践过程中的经验不断总结、归纳整理，研究和实施软件开发方法、软件开发工具、软件工程管理方法和规范，能够更好地开发和维护软件。软件工程成为指导计算机软件开发、维护、管理的理论依据，同时，从实践过程中获得的经验又进一步推动软件工程学科的完善与发展。

1.2.2　软件工程学的范畴

软件工程作为一门新兴的学科，结合了工程学和计算机科学的部分内容，面向工程项目的开发与管理，主要包含了开发技术和管理技术两方面内容，具体的组成形式如图 1-6 所示。

软件开发技术包括软件开发方法学、软件工具和软件工程环境。随着软件的发展历程——从程序、软件到软件产品，软件的开发方法也经历了很大的变化，在20世纪60年代后期兴起的结构化程序设计，又将结构化思想应用于需求分析、系统设计过程，形成了传统的结构化分析与设计方法；在20世纪80年代出现的Smalltalk、C++等语言，促进了面向对象程序设计的使用，同时，也获得了面向对象的开发方法；目前，软件组件化的设计理念，已成为现代开发普遍采用的技术。

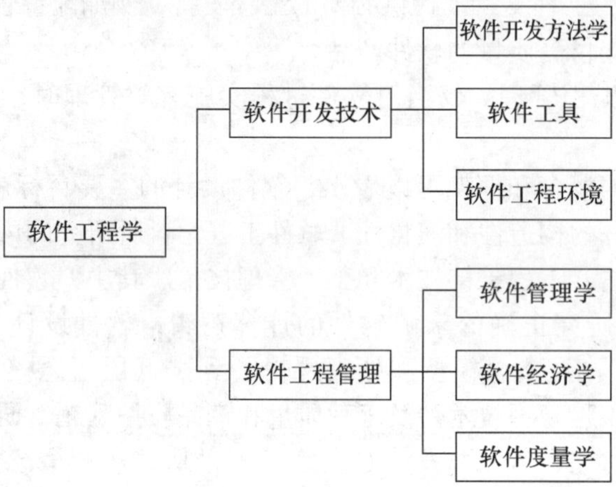

图1-6 软件工程学范畴

软件工具是帮助软件开发的软件，在软件开发过程中形成了许多能够提高软件生产率的辅助工具，促进软件生产的自动化，如C语言的编辑程序、编译程序，称为软件编写的辅助工具。

软件工程环境一直是软件工程研究的主要课题，寻求软件开发方法和工具，以及相应配套的软件、硬件支持就构成了软件工程环境。这方面主要体现在CASE计算机辅助软件工程的设计与实现，能够支持软件开发过程的辅助工具。在后面的章节中会详细地加以描述。

人们不断寻求软件开发技术的同时，也更加注重软件工程管理方面的研究。由于软件本身的特性，软件工程管理既运用管理学的知识，又结合软件特性，形成了软件管理学、软件经济学和软件度量学。

1.2.3 软件工程的开发原则

自从提出软件工程思想以来，软件工程的思想、方法一直应用于各种软件系统开发过程中，并针对软件规模的不同，应用的方面也有很大的不同。为了开发出能够降低成本、提高开发效率和质量的软件，软件工程必须遵循以下基本原则。

1. 分解

任何任务都是由多个小任务组成，通过由不同的人负责不同的小任务，使得整个任务可以在并行的状态下缩短完成时间、减少任务的复杂性，因此，在软件开发过程中，通常对一个软件项目通过不断分解的过程降低项目的复杂程度，提高开发效率。但是，任何事情都有它的两面性，不能无限制地分解下去，不能把一个任务分解到可能仅仅只是一条指令的程度，这是毫无意义的。在分解的过程中，很多个小任务之间又构成了相互的联系，增加了任务之间联系的复杂程度，因此，任何任务的分解都有一个最佳的分解区域，使得小任务之间联系的复杂程度和各自小任务的复杂程度加起来构成的总任务工作量在减少。

2. 信息隐蔽

信息隐蔽是指某些局部的元素对外部或其他无关部分的程序隐藏起来，以免不同部分的程序在执行过程中相互影响。

3. 模块化

模块是程序逻辑上相对独立的部分，是一个独立的编程单元。对一个软件按照功能分成许多部分单独开发，然后再组装起来。

4. 标准化

在软件开发过程中通常采用统一的标准，可以实现不同部分之间描述的一致性。采用统一的开发方法、开发描述文档，整个软件系统的各个模块使用标准的符号、术语和概念，有利于团队沟通和交流，以及软件系统的后期维护。

1.2.4　软件工程面临的挑战

软件的编写如同一门艺术，软件工程师要研究计算机的基本原理和执行过程并将其运用到软件开发过程中，以便生产出高效的软件产品。然而，如何能够生产出高效的软件产品，实践过程中包含了许多艺术、技能和才能。获得高效、更精确、容易修改、容易理解、高质量的软件产品一直以来是软件工程追求的目标。计算机软件作为非传统产业的制成品，有着许多独特的性质。它具有不可见性、易变更性，对于这样一种智力劳动的成果，人们难于把握它的质量，也难于组织好它的开发和生产过程。对软件的分析和研究，绝不可忽视其与传统产品开发过程相异的特殊性。然而，从另一方面看，软件工程也是工程，虽然它是一门年轻的工程学课，仍然可以借鉴人们千百年来所积累的在传统工程领域行之有效的规律和经验，例如规范化、标准化和模块化等。显然，软件工程需要综合与兼顾上述两个方面的特征。任何过分强调某一方面或是忽略某一方面的思维方式和行为都是错误的，并且这种综合与兼顾需要在不断探索中前进和发展。

软件工程的应用成为软件开发的主要规范和支持，特别是面对以下三个方面的开发。

1. 过去系统的更新与维护

目前很多软件系统都是很多年以前开发的，虽然仍然在继续使用，但需要在功能、性能上进一步适应新的要求。对这一类软件系统的更新，会存在巨大的问题，因为以前的系统遵循的软件规范比较少，修改起来会很困难，而且过去的开发方法同现在的方法有很大的不同，软件工程师需要运用现在的方法修改过去的程序。

2. 软件应用的复杂性

软件的应用范围越来越广泛，复杂程度在增加，如何更好地运用软件工程思想开发各种各样的不同的应用领域的软件系统，并且适应规模大、复杂度高的系统开发，成为软件工程探究的热门课题。

3. 交付上的挑战

软件市场面临着激烈的竞争，更快、更准确、更能够满足用户需求的软件系统是现代软件开发的最终目标，如何既能够充分地运用软件工程方法规范地开发软件系统，又能够及时地发布软件，适应社会的需要，成为软件工程不断寻求改进方法的动力源泉。

在经济全球化的推动下，计算机网络得到了广泛应用和发展。信息交流、资源共享已成为软件工程的主流，以高度的群组协作为手段的虚拟组织正在成为世纪企业的主要组织形式，而软件工程走规模化、标准化、集约化、智能化、开放性的发展道路也势在必行。因此，软件复用技术、软件标准、分布式计算、智能代理等技术以及各种技术的集成方法已成为软件工程中最受关注的研究方向。软件工程是多个领域技术与方法的交叉和集成。面对新的环境和需求，21 世纪软件工程的发展方向是利用各种先进的知识和工具，在对现有的理论和实践加以发展创新的同时，研究降低软件开发成本、缩短开发周期、实现软件复用的途径和方法，从根本上解决软件危机问题，逐步实现软件工程的标准化、规模化和柔性化。

1.2.5 软件工程师的未来

软件工程作为一门新兴的学科，从最初的思想、简单方法到现在的规范、系统化的方法、工具等变化过程，逐渐走向成熟。在软件工程作为独立专业出现以后，软件工程师也就像所有工程类的专业人员一样有自己的独立职业，它不同于计算机专业，同时，由于软件的特性，也不同于其他工程行业的工程师。因此，软件工程师作为独立的职业会随着社会需求的增加而更加规范化，同样会出现各种资格认证，以及规范化的操作规程，这将促进软件工程学科领域的发展与壮大。

软件工程师必须结合软件工程理论与实践，将软件工程知识渗透到任何的应用领域中为之服务，必须具有商业知识、工程知识、管理知识、经济知识等作为基础知识结构，并且不能脱离计算机知识。此外，软件工程师还必须具备其他领域知识。

软件工程师的工作不仅是技术的应用，也要担负起许多责任。因为软件工程受到地方、国家、国际的各种法律的约束，所以软件工程师要得到人们的尊敬，其行为应符合道德规范和法律要求，形成一定的职业道德规范。在 ACM/IEEE（1999）软件工程师的职业道德准则中给出了对软件工程人员的要求的高度抽象概括，用以规范软件工程专业人员的工作方式。

软件工程人员应当遵守以下 8 条准则：

（1）公众感（Public）：软件工程师始终与公众利益保持一致。

（2）客户和雇主（Client and Employer）：满足客户和雇主的最大利益。

（3）产品（Product）：保证产品达到尽可能高的行业标准。

（4）判断力（Judgement）：具有公正和独立的职业判断力。

（5）管理（Management）：提倡合乎道德的软件开发和维护的管理办法。

（6）职业感（Profession）：弘扬职业正义感和荣誉感，尊重社会公正利益。

（7）同事（Colleagues）：公平对待和协助每一位同事。

（8）自己（Self）：毕生学习专业知识，倡导合乎职业道德的职业活动方式。

软件工程师应当做出承诺，使软件的分析、设计、实现、测试和维护等工作对社会有益且受人尊敬。随着社会的进步、技术的发展，在各行各业都会出现软件工程师，成为企业信息化道路的支持者、推进者。

1.3　软件过程模型

软件作为产品需要一个循序渐进的生存过程，把软件产品从计划开始，经过开发、使用和维护等活动，直到退役为止的全过程称为软件生存周期（Software Life Cycle）。根据软件所处的状态、特征以及软件开发活动的目的，软件开发任务可以划分为不同的阶段，这些阶段之间的关系用开发模型表示。软件开发模型是软件开发过程的概括，为软件工程管理提供里程碑和进度表，为软件开发过程提供原则和方法。软件开发模型给出了软件开发活动各阶段之间的关系。软件过程模型是软件开发人员经过多年的探索形成的软件开发步骤和方法，针对应用特点，对开发过程归纳为开发过程框架。

1.3.1　瀑布模型

B. W. Boehm 提出了瀑布模型（Waterfall Model），将软件开发过程划分为阶段，像瀑布一样拾阶而下，模型中各个阶段的任务和软件开发活动如图 1-7 所示。根据软件生存周期各个阶段的任务，瀑布模型从项目计划开始，逐步进行阶段性变换，直至通过测试并得到用户确认的软件产品为止。

通过瀑布模型框架结构可以看到一般软件系统的开发步骤分为 3 个阶段：计划阶段、开发阶段、维护阶段。

- 在计划阶段主要完成对系统可行性的论证，描述系统的定义、范围与系统实现的意义；
- 开发阶段分为 4 个步骤：系统需求分析、系统设计、系统实现、测试；
- 维护阶段完成系统在运行过程中所做的修改。

瀑布模型的特点是具有阶段的顺序性和依赖性，系统的实现过程遵循了阶段排列的次序，按次序完成每一个步骤，同时，步骤之间相互依赖，前一步获得的结果作为下一个步骤的输入，前一步骤完成后下一个步骤才能开始，如图 1-8 所示。

瀑布模型从软件制作时间上按工序把项目分为有序的步骤，实现了流水线的生产方式，便于分工协作，推迟了物理实现。

但是，另一方面也显示了瀑布模型的缺点：系统交付晚、纠错慢、难于克服系统分析员对应用领域不熟悉、用户不了解计算机及其与分析员相互之间的沟通问题、系统需求不明确、系统质量下降、难以满足用户需求的变更。

瀑布模型拥有简单的管理模型以及设计和实现分离的特征，系统鲁棒性（Robust）强、容易修改，适合于需求明确的大型系统开发和嵌入式系统的开发。

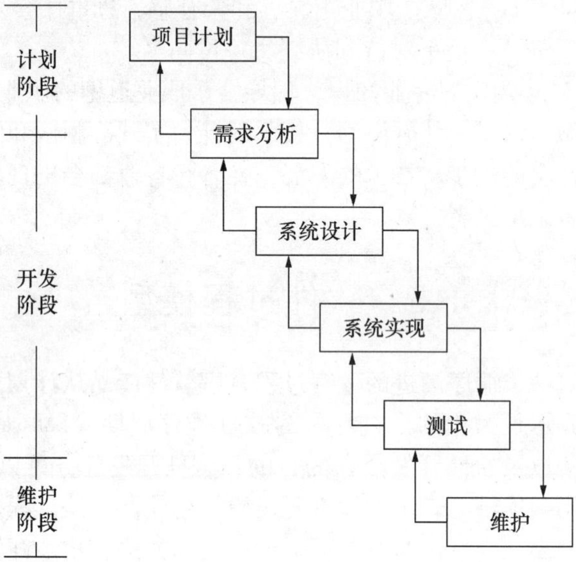

图 1-7 典型的瀑布模型

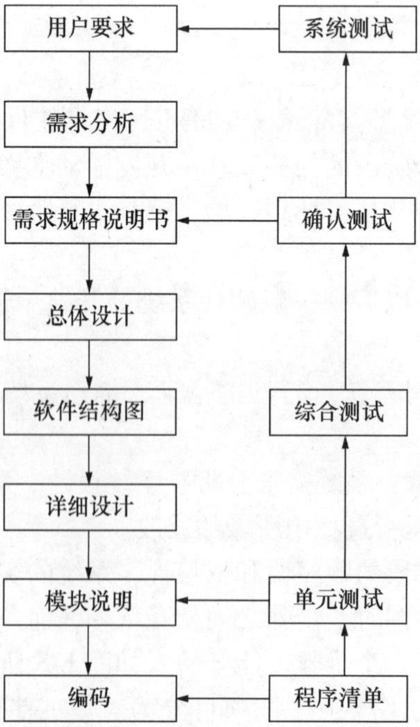

图 1-8 瀑布模型阶段间的顺序性

【例 1-2】 通常在大型软件项目开发时采用瀑布模型，具有需求明确、开发周期长的特点，并且基本上都是基于计算机的系统工程项目。如大型操作系统、数据库系统的开发，具有明确的开发目标和应用范围，特别是航空航天的宇宙飞船所需要的系统软件，具有长期的统筹规划安排，不同部门有计划地协调开发；而像金融、电信、保险等行业的软件系统依赖于硬件和外围设备，具有行业的特殊性。

1.3.2 进化式开发

1. 原型模型

原型模型（Prototype Model）方式是开发人员根据用户提出的需求快速开发出的一种样本，它向用户展示了待开发软件系统的全部或部分功能和性能，通过原型系统与用户沟通，获得进一步的修改、完善和确认软件系统的需求，并达成一致的理解。基本的开发过程如图 1-9 所示。

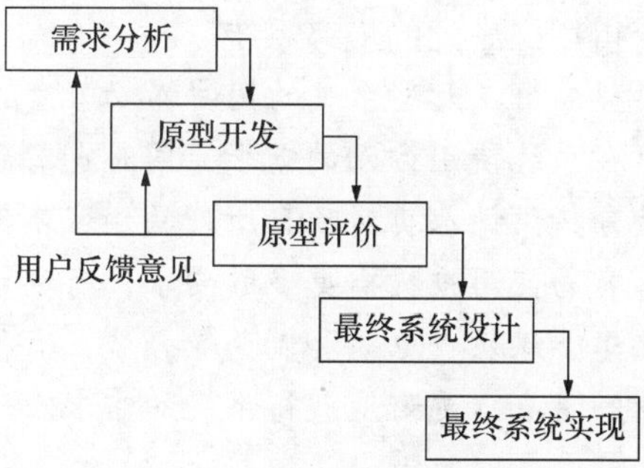

图 1-9 原型开发模型

2. 原型开发的快速途径

原型开发给开发者和用户之间架起一道沟通的桥梁，用户能够感受到实际的系统，开发者又能够很快地建造出满足用户需求的可运行原型系统，并在此基础上利用已有的片断来尽快生成工作程序。因此，原型的实现可以采用开发者比较熟悉的语言、开发环境来尽快构造原型，并可利用原型系统进一步形成最终系统。一般有以下两种方式：

（1）抛弃式原型。很多时候对原型的开发，只是为了更好地与用户沟通，通过可运行的原型系统直接寻求一致的理解，往往在实现原型时采用比较熟悉的语言进行开发，没有过多考虑今后系统运行环境的要求，致使原型系统很难满足实际系统的性能要求。因此，在达到一致的理解之后，抛弃原型系统，重新设计系统，并针对实际系统的性能要求采用合适的语言、开发环境，实现最终系统。

（2）进化式原型。为避免原型系统开发之后又需要一段时间的分析、设计与实现，也有的系统实现采用完善原型系统的方式，进一步扩展原型系统的功能和性能，并适应实际系统的运行环境要求。

比较以上两种系统的实现途径，可以了解到原型系统有利于满足用户需求，但同时在最终系统实现方面又会有不同的影响。采用抛弃式原型会造成时间的拖延和成本的增加，用户很难理解为什么要抛弃原型，认为原型就可以成为最终系统；而采用进化式原型方式，往往在完善原型系统时，其他部分会将就原型系统中已有的部分，造成系统结构不合理，很难进行今后的维护工作。

3．原型开发的特点与应用方面

原型开发模型有内在的特点，着重突出一个“快”字，使得用户可以很快地看到他们所期望的计算机系统，对用户来说，最终系统是可以看得见、摸得着的，并能够很好地与开发者有具体的实物作为依据进行点评，因此，原型模型一直是开发者使用的模型。在应用领域方面，主要侧重在小型系统开发方面，可以利用原型系统先开发需求不明确的部分，或者是系统的核心部分，并且可以采用进化式原型方式完善原型系统，获得最终系统。另一方面，对大型系统来说，更多地利用原型系统与用户沟通来获得系统界面的一致性，开发人员对最终系统的运行界面难以确定，而且不能根据设计者的喜好设计系统界面，应该由应用领域的约定、用户的习惯、运行环境等因素决定，所以，采用抛弃式原型方式设计系统界面，可以获得用户满意的最终系统。

【例1-3】 一般原型模型应用在大型系统的用户界面开发，需要与用户沟通，通过原型的修正可以不断获取用户在系统使用方面的需求，同时也有利于用户尽快掌握和使用系统；运用原型模型，有时是分析设计人员对项目所处的领域不熟悉，为获得更多的用户需求，通过原型模型的运行，容易使用户提出更多的要求，有利于系统满足用户需求，避免今后的返工。如在石油、化工、煤炭、电力和制药等领域，有很明显的领域特殊性，可以通过原型模型不断了解行业的特点，更好地获得系统的需求。

1.3.3 过程反复

人们越来越认识到软件像所有复杂系统一样，业务和产品需求随着开发的进展常常会发生变化，用硬性的划分阶段完成的阶段成果固定下来的做法很难适应需求的变更，通常经过一段时间的分析与设计，将系统核心部分或者是需求比较明确的部分进行开发，其他部分可以进一步细化。因此，过程反复的过程模型随之而产生。以下两种模型利用迭代思想，使软件工程师渐进地开发，逐步完善最终系统。

1．增量模型

增量模型（Increment Model）融合了瀑布模型的线性特点，同时为适应软件需求变化的特征，结合了原型和迭代的形式，可以实现随着时间的推移而交错的线性序列。如图1-10所示，每一个线性序列产生软件系统的一个可发布的“增量”。例如，使用增量模型开发的文字处理软件，可以在第一个增量中发布基本的文件管理、编辑、文档生成部分；在第二个增量中发布更加完善的编辑和文档生成功能；第三个增量可以实现拼写和文法检查功能；依次划分，不断增加功能，并不断完善已经完成的功能，最终形成系统。

在使用增量模型时，第一个增量往往是核心的部分，实现了系统的基本功能，并随着核心产品交付用户使用过程，评估该部分并进行下一个增量的计划开发，包括前一个增量的修改，使其更好地满足用户需求，准备发布新增的系统功能。这个过程在每一个增量发布后不断重复，直到产生最终的完善系统。

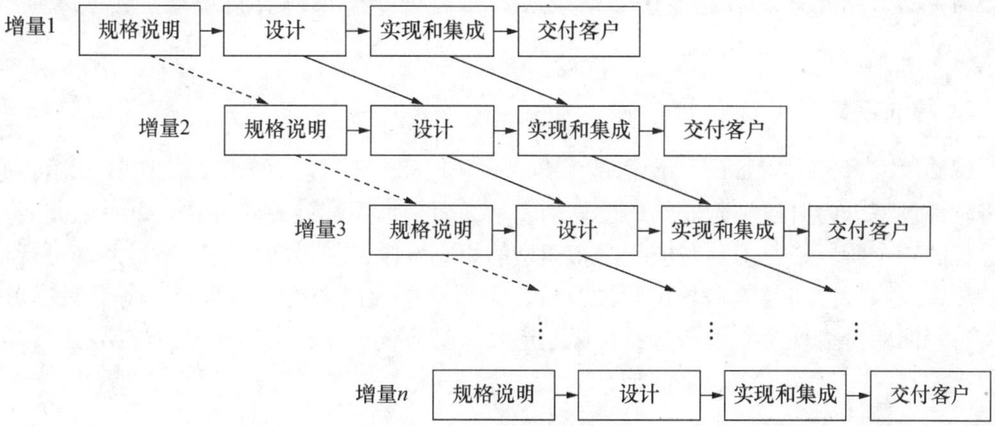

图 1-10　增量开发模型

增量模型强调每一个增量均发布一个可操作的系统部分，给用户提供了服务功能，也给用户提供了评价的平台。

软件市场竞争激烈，增量开发模型明显适应了时代的要求，并结合了瀑布模型和原型模型的优点，每一个增量的开发可以不使用同一个开发模型，如果某一增量有完善的需求描述时，可以采用瀑布模型进行开发；对需求不够明确的增量，可以使用原型模型方式开发。所以，增量模型的优点是：

（1）客户可以很快使用系统，而无须等到整个系统完成之后。

（2）早期的增量可以作为系统原型，用户通过运行早期的版本，评价以后的增量。

（3）项目总体失败的可能性较小，虽然可能某一增量存在问题，但其他一些增量已经交付给用户使用了。

增量模型开发也存在一些问题。如何划分增量、增量大小的确定是实际系统中难以确定的。一般情况下，一个增量的大小不超过 2 万行代码，并且，每一个增量应该包含一定的系统功能。但是，很难把客户的需求映射到适当的增量上，而且，大多数系统都会用到一组基本服务，在增量实现前，需求不能被详细定义，明确所有的增量可能用到的基本服务是比较困难的。

【例 1-4】 增量模型有着很明显的优势，给用户的感觉是系统完成的时间很短，首先发布的系统具有基本功能，能够为用户提供简单、实用的操作功能，并且随着用户的反馈意见和系统增量的完成，使得整个系统不断完善，增进了系统的可用性和完整性，降低了项目风险。因此，在目前软件业竞争非常激烈的状况下，很多软件项目要求开发时间短，尽快发布以占领市场，并且会不断增加需求，因此采用增量模型开发有助于中小型软件项目能够满足用户需求。比如，使用增量式开发的字处理软件，在第一个增量中发布基本的文件管理、编辑和文档生成功能；在第二个增量中发布更加完善的编辑和文档生成能力；第三个增量中实现拼写和文法检查功能；第四个增量完成高级的页面布局功能。每个增量提供系统功能的一个子集，一个增量完成并交付，部分系统功能可以提前交付使用。对增量中服务的分配取决于服务优先次序。最高优先权的服务首先被交付。第一个增量往往是核心的产品。开发者能通过经验帮助理解后面的增量需求和目前增量后续版本的需求变更。

2. 螺旋模型

螺旋模型（Spiral Model）最初是由 Boehm（1988 年）提出的，如图 1-11 所示。它不是将软件过程分为阶段和阶段间的反复来表示，而是采用螺旋旋转方式，每一回路表示软件过程的一个阶段，也即是对应于瀑布模型的相应阶段，如最内层的回路是系统可行性分析阶段，下一层回路与需求分析阶段有关，再下一层回路与设计阶段有关等。另一方面，又将每一回路分为四个象限部分：目标制定、风险分析、项目实施、评估与规划。

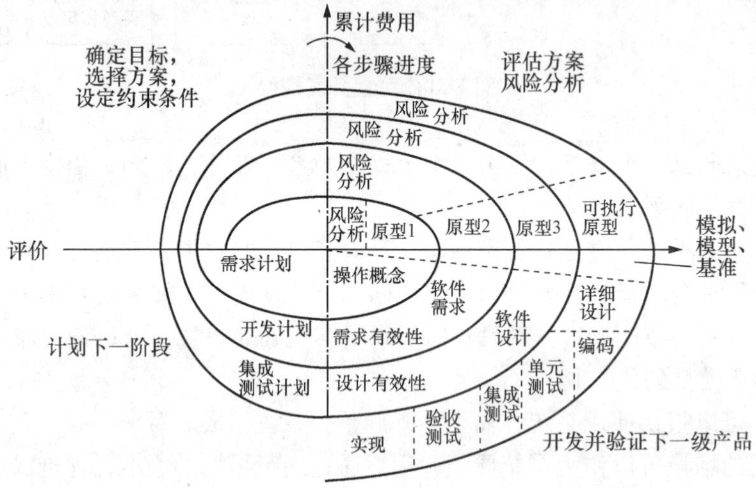

图 1-11 螺旋开发模型

（1）目标制定。确定软件项目的范围、系统实现的目标，选择相应的方案，获取系统的约束条件。

（2）风险分析。每一项目对预选的方案进行风险识别与分析，并采取规避风险的措施。

（3）项目实施。风险分析之后进行系统开发模型的确定，实施软件开发。

（4）评估与规划。对项目进行评审以确定是否需要进行螺旋模型中的下一个回路，如果继续进行，则对项目的下一个阶段进行计划。

螺旋模型的每一个回路开始于系统的功能和性能，列出所有可能的系统约束。对每一功能和性能所有可能的可选方案进行评估，识别出系统存在的可能风险，通过详细的分析、原型建立、仿真等活动评估风险，然后进行系统开发，并对系统开发的其他活动进行相应的规划。

1.3.4　形式化开发

形式化开发模型（Transformational Model）是结合瀑布模型的开发活动并运用数学转换的方式形成的一种开发方法，使得软件工程师能够通过采用严格的、数学的表示方法对软件的开发活动进行数学的描述，用形式化数学转换将系统描述转换成一个可执行的程序。开发过程如图 1-12 所示。

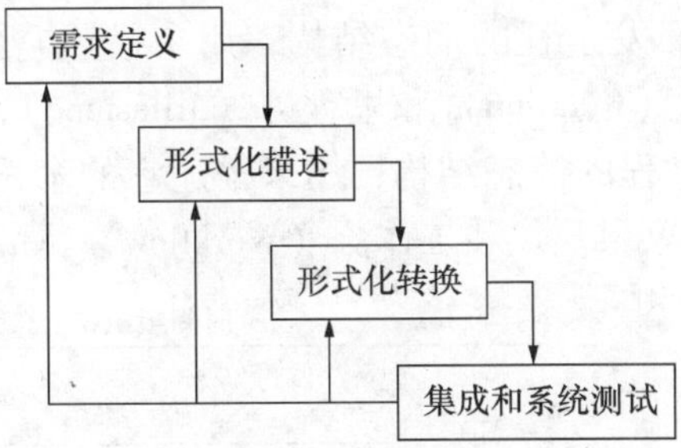

图 1-12　形式化开发模型

形式化开发模型的特点是：

（1）软件需求描述采用了精练的数学符号进行详细的描述，是一个形式化需求描述。

（2）系统的设计、实现、测试是由一系列的数学公式组成，构成数学转换的方式，将系统的形式化需求描述转换成可执行的代码。

（3）所获得的程序代码是完全符合形式化需求描述的，是一个正确的程序。

（4）转换是准确的，有严格的数学方法来保证。

目前形式化开发的规范形式是净室（Cleanroom）软件开发过程，最初由 IBM 公司开发。净室开发过程依赖增量开发模型，在每一阶段都采用形式化方法开发和验证该阶段的正确性。

净室开发和基于 B 方法的形式化开发方法都已经被成功地应用。二义性、不完整性和不一致性通过数学分析的过程可以容易地被发现和纠正，因此，在交付系统上缺陷较少，成本没有明显的增加，特别适用于安全和保密性要求较高的系统开发。但是，对于一般的应用领域还没有被广泛地应用。主要的原因有：

（1）形式化模型的开发目前很昂贵、费时。

（2）具有形式化方法所需的背景知识的软件开发人员较少，需要多方面的培训。

（3）难以使用形式化模型作为与用户沟通的途径。

尽管存在诸多问题，但是，形式化开发方法的确能够得到正确的程序，在今后也许会得到相应的认可。

1.3.5　RUP

RUP（Rational Unified Process，统一的开发过程）是一个面向对象且基于网络的程序开发方法论。根据 Rational（Rational Rose 和统一建模语言的开发者）的说法，它可以为所有方面和层次的程序开发提供指导方针、模板以及事例支持。RUP 和类似的产品，例如面向对象的软件过程（OOSP），以及 OPEN Process 都是理解性的；软件工程工具把开发中面向过程的方面（例如定义的阶段，技术和实践）和其他开发的组件（例如文档、模型、手册以及代码等）整合在一个统一的框架内。

1. RUP 软件开发生命周期

RUP 软件开发生命周期是一个二维的软件开发模型。横轴通过时间组织，具有过程展开的生命周期特征，体现开发过程的动态结构，用来描述它的术语主要包括周期（Cycle）、阶段（Phase）、迭代（Iteration）和里程碑（Milestone）；纵轴以内容来组织，为自然的逻辑活动，体现开发过程的静态结构，用来描述它的术语主要包括活动（Activity）、产物（Artifact）、工作者（Worker）和工作流（Workflow），如图 1-13 所示。

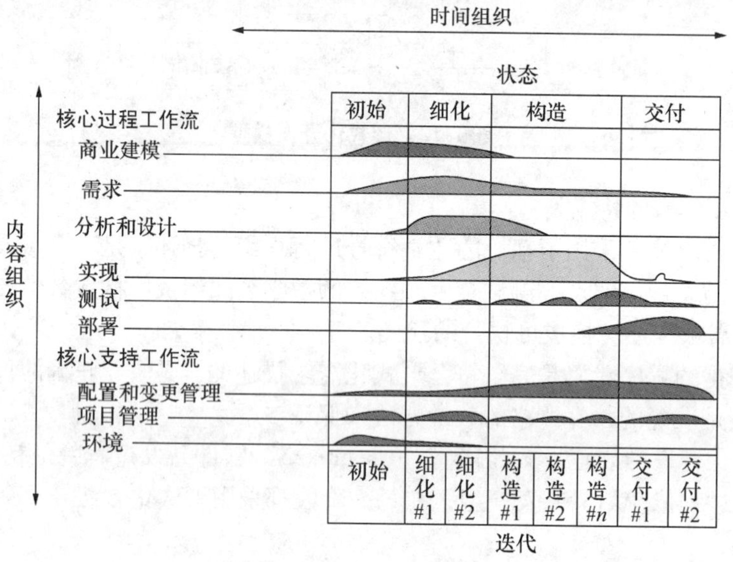

图 1-13　RUP 开发模型

RUP 中的软件生命周期在时间上被分解为 4 个顺序的阶段，分别是：初始阶段（Inception）、细化阶段（Elaboration）、构造阶段（Construction）和交付阶段（Transition）。每个阶段结束于一个主要的里程碑（Major Milestone）；每个阶段本质上是两个里程碑之间的时间跨度。在每个阶段的结尾执行一次评估以确定这个阶段的目标是否已经满足。如果评估结果令人满意的话，就可以允许项目进入下一个阶段。

（1）初始阶段。初始阶段的目标是为系统建立商业案例并确定项目的边界。为了达到该目的，必须识别所有与系统交互的外部实体，在较高层次上定义交互的特性。本阶段具有非常重要的意义，在这个阶段中所关注的是整个项目进行中业务和需求方面的主要风险。对于建立在原有系统基础上的开发项目来讲，初始阶段可能很短。初始阶段结束时是第一个重要的里程碑：生命周期目标（Lifecycle Objective）里程碑。生命周期目标里程碑评价项目基本的生存能力。

（2）细化阶段。细化阶段的目标是分析问题领域，建立健全的体系结构基础，编制项目计划，淘汰项目中最高风险的元素。为了达到该目的，必须在理解整个系统的基础上，对体系结构做出决策，包括其范围、主要功能和诸如性能等非功能需求。同时为项目建立支持环境，包括创建开发案例，创建模板、准则并准备工具。细化阶段结束时是第二个重要的里程碑：生命周期结构（Lifecycle Architecture）里程碑。生命周期结构里程碑为系统的结构建立了管理基准并使项目小组能够在构建阶段中进行衡量。此刻，要检验详细的系统目标和范围、结构的选择以及主要风险的解决方案。

（3）构造阶段。在构造阶段，所有剩余的构件和应用程序功能被开发并集成为产品，所有的功能被详细测试。从某种意义上说，构造阶段是一个制造过程，其重点放在管理资源及控制运作，以优化成本、进度和质量。构造阶段结束时是第三个重要的里程碑：初始功能（Initial Operational）里程碑。初始功能里程碑决定了产品是否可以在测试环境中进行部署。此刻，要确定软件、环境、用户是否可以开始系统的运作。此时的产品版本也常被称为 beta 版。

（4）交付阶段。交付阶段的重点是确保软件对最终用户是可用的。交付阶段可以跨越几次迭代，包括为发布做准备的产品测试，基于用户反馈的少量的调整。在生命周期的这一点上，用户反馈应主要集中在产品调整，以及设置、安装和可用性问题，所有主要的结构问题应该已经在项目生命周期的早期阶段解决了。在交付阶段的终点是第四个里程碑：产品发布（Product Release）里程碑。此时，要确定目标是否实现，是否应该开始另一个开发周期。在一些情况下这个里程碑可能与下一个周期的初始阶段的结束重合。

2. RUP 核心工作流

RUP 中有 9 个核心工作流，分为 6 个核心过程工作流（Core Process Workflows）和 3 个核心支持工作流（Core Supporting Workflows）。尽管 6 个核心过程工作流可能使人想起传统瀑布模型中的几个阶段，但应注意迭代过程中的阶段是完全不同的，这些工作流在整个生命周期中一次又一次被访问。9 个核心工作流在项目中轮流被使用，在每一次迭代中以不同的重点和强度重复。

（1）商业建模（Business Modeling）。商业建模工作流描述了如何为新的目标组织开发一个构想，并基于这个构想在商业用例模型和商业对象模型中定义组织的过程、角色和责任。

（2）需求（Requirements）。需求工作流的目标是描述系统应该做什么，并使开发人员和用户就这一描述达成共识。为了达到该目标，要对需要的功能和约束进行提取、组织、文档化；最重要的是理解系统所解决问题的定义和范围。

（3）分析和设计（Analysis & Design）。分析和设计工作流将需求转化成未来系统的设计，为系统开发一个健壮的结构并调整设计，使其与实现环境相匹配，优化其性能。分析和设计的结果是一个设计模型和一个可选的分析模型。设计模型是源代码的抽象，由设计类和一些描述组成。设计类被组织成具有良好接口的设计包（Package）和设计子系统（Subsystem），而描述则体现了类的对象如何协同工作，实现用例的功能。设计活动以体系结构设计为中心，体系结构由若干结构视图来表达，结构视图是整个设计的抽象和简化，该视图中省略了一些细节，使重要的特点体现得更加清晰。体系结构不仅仅是良好设计模型的承载媒介，而且在系统的开发中能提高被创建模型的质量。

(4) 实现 (Implementation)。实现工作流的目的包括以层次化的子系统形式定义代码的组织结构；以组件的形式（源文件、二进制文件、可执行文件）实现类和对象；将开发出的组件作为单元进行测试，以及集成由单个开发者（或小组）所产生的结果，使其成为可执行的系统。

(5) 测试 (Test)。测试工作流要验证对象间的交互作用，验证软件中所有组件的正确集成，检验所有的需求已被正确地实现，识别并确认缺陷在软件部署之前被提出并处理。RUP 提出了迭代的方法，意味着在整个项目中进行测试，从而尽可能早地发现缺陷，从根本上降低了修改缺陷的成本。测试类似于三维模型，分别从可靠性、功能性和系统性能来进行。

(6) 部署 (Deployment)。部署工作流的目的是成功地生成版本并将软件分发给最终用户。部署工作流描述了那些与确保软件产品对最终用户具有可用性相关的活动，包括：软件打包、生成软件本身以外的产品、安装软件、为用户提供帮助。在有些情况下，还可能包括计划和进行 beta 测试版、移植现有的软件和数据以及正式验收。

(7) 配置和变更管理 (Configuration & Change Management)。配置和变更管理工作流描绘了如何在多个成员组成的项目中控制大量的产物。配置和变更管理工作流提供了准则来管理演化系统中的多个变体，跟踪软件创建过程中的版本。工作流描述了如何管理并行开发、分布式开发以及如何自动化创建工程，同时也阐述了对产品修改原因、时间、人员保持审计记录。

(8) 项目管理 (Project Management)。软件项目管理平衡各种可能产生冲突的目标，管理风险，克服各种约束并成功交付使用户满意的产品。其目标包括：为项目的管理提供框架，为计划、人员配备、执行和监控项目提供实用的准则，为管理风险提供框架等。

(9) 环境 (Environment)。环境工作流的目的是向软件开发组织提供软件开发环境，包括过程和工具。环境工作流集中于配置项目过程中所需要的活动，同样也支持开发项目规范的活动，提供了逐步的指导手册并介绍了如何在组织中实现过程。

RUP 的迭代开发模式是将 RUP 中的每个阶段进一步分解为迭代。一个迭代是一个完整的开发循环，产生一个可执行的产品版本，是最终产品的一个子集，它增量式地发展，从一个迭代过程到另一个迭代过程，直到成为最终的系统。传统上的项目组织是顺序通过每个工作流，每个工作流只有一次，也就是我们熟悉的瀑布生命周期（如图 1-14 所示）。这样做的结果是到实现末期产品完成并开始测试，在分析、设计和实现阶段所遗留的隐藏问题会大量出现，项目可能要停止并开始一个漫长的错误修正周期。

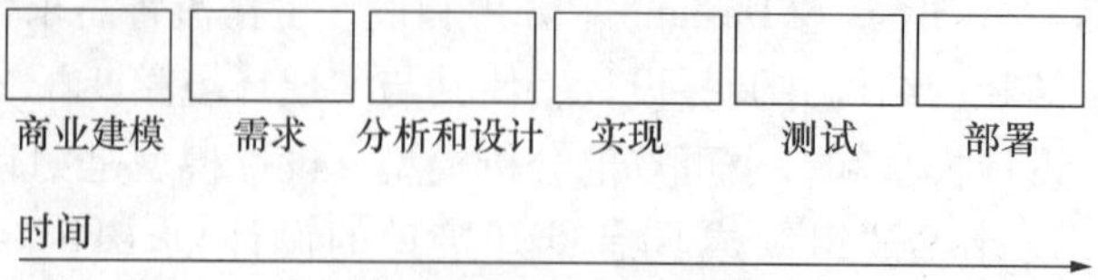

图 1-14 软件生命周期

一种更灵活、风险更小的方法是多次通过不同地开发工作流，这样可以更好地理解需求，构造一个健壮的体系结构，并最终交付一系列逐步完成的版本。这叫做一个迭代生命周期。在工作流中的每一次顺序的通过称为一次迭代。软件生命周期是迭代的连续，通过它，软件是增量的开发。一次迭代包括了生成一个可执行版本的开发活动，还有使用这个版本所必需的其他辅助成分，如版本描述、用户文档等。因此一个开发迭代在某种意义上是在所有工作流中的一次完整的经过，这些工作流至少包括：需求工作流、分析和设计工作流、实现工作流、测试工作流，其本身就像一个小型的瀑布项目（如图 1-15 所示）。

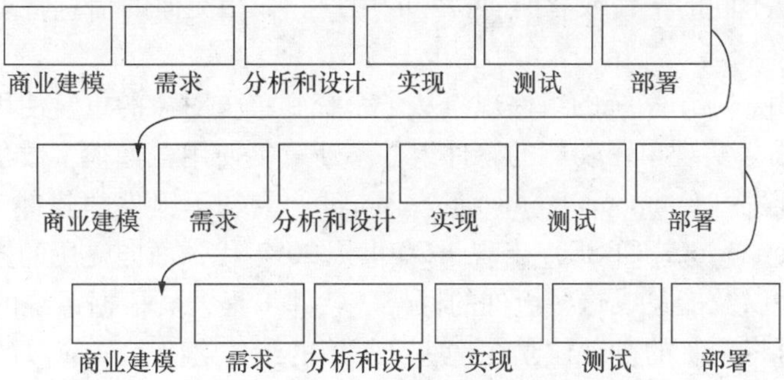

图 1-15　RUP 的迭代模型

与传统的瀑布模型相比较，迭代过程具有以下优点。

- 降低了在一个增量上的开支风险。如果开发人员重复某个迭代，那么损失只是这一个开发有误的迭代的花费。
- 降低了产品无法按照既定进度进入市场的风险。通过在开发早期就确定风险，可以尽早来解决而不至于在开发后期手忙脚乱。
- 加快了整个开发工作的进度。因为开发人员清楚问题的焦点所在，他们的工作会更有效率。

由于用户的需求并不能在一开始就做出完全的界定，它们通常是在后续阶段中不断细化的。因此，迭代过程这种模式使适应需求的变化会更容易些。

RUP 具有很多长处，提高了团队生产力，在迭代的开发过程、需求管理、基于组件的体系结构、可视化软件建模、验证软件质量及控制软件变更等方面，针对所有关键的开发活动为每个开发成员提供了必要的准则、模板和工具指导，并确保全体成员共享相同的知识基础。它建立了简洁和清晰的过程结构，为开发过程提供较大的通用性。但同时它也存在一些不足，RUP 只是一个开发过程，并没有涵盖软件过程的全部内容，例如它缺少关于软件运行和支持等方面的内容；此外，它没有支持多项目的开发结构，这在一定程度上降低了在开发组织内大范围实现重用的可能性。可以说 RUP 是一个非常好的开端，但并不完美，在实际的应用中可以根据需要对其进行改进，并可以用 OPEN 和 OOSP 等其他软件过程的相关内容对 RUP 进行补充和完善。

1.3.6　基于组件的集成模型

软件是一种可重复利用的资源，软件复用是指重复使用“为了复用目的而设计的软件”的过程。通过复用，可以控制软件开发的复杂度，缩短开发周期，并提高软件产品的质量。由于软件开发模式多种多样，因此复用的方式也不尽相同，其中基于构件的复用是目前最有效的，也是学术界和企业界公认的主流。从软件开发技术来讲，提出了设计模式作为复用成功的系统设计经验的方案，将已有的软件成分用于构造新的软件系统，因此，基于复用来提高软件开发投入的回报率，以复用为基础的软件工程是要对现存软件的复用程度最大化。软件复用包括三个方面：

（1）应用系统复用。整个系统的复用可以不加修改地融合到其他系统当中，或是通过开发应用系列适应不同的平台或者面向特殊的用户。如相类似的信息管理系统存在很多的应用开发系列。

（2）组件复用。应用系统的组件规模从子系统到单个对象的重复使用。

（3）功能复用。实现单一功能的软件组件不断重复使用，如很多数学函数。

基于组件的开发（Component Integration Model）或基于组件的软件工程（Component-Based Software Engineering，CBSE）出现于20世纪90年代，面向复用的方法依赖可以存取的可复用软件组件以及能集成这些组件的框架。软件工程人员根据系统的需求情况，搜索可复用的组件，再将系统的设计建立在这些可复用的组件之上。从简单的功能子程序到完整的应用系统都可以定义为组件，它是一个独立的可运行实体，称为COTS（Commercial-Off-The-Shelf）商业现成产品系统，组件发布它们的接口，所有的交互都是经过接口完成的。组件集成模型的基本框架结构如图1-16所示。

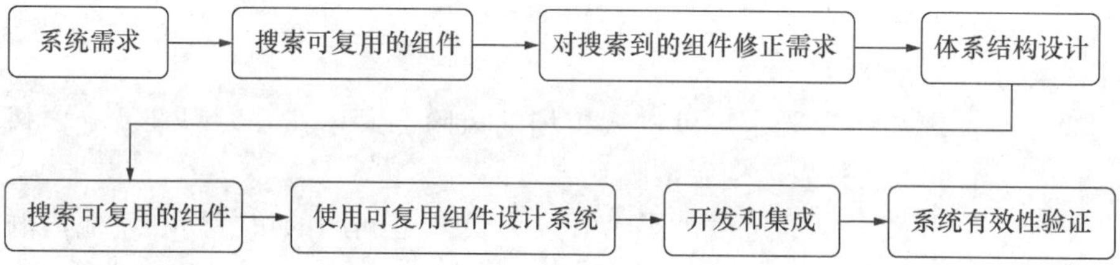

图1-16　组件集成模型

（1）系统需求描述。对系统所要完成的基本要求进行概括的描述，给出系统完成的范围。

（2）搜索可复用的组件。针对系统需求描述，搜索能满足需求的组件。一般没有正好合适的组件可供使用，能得到的组件往往只提供所需要的部分功能。

（3）需求修改。在这个阶段，根据得到的组件信息来再次分析需求，修改需求以反映可得到的组件。当不允许修改需求时，搜索可复用的组件活动要重新进行，以寻找其他可能的替代方案。

（4）体系结构设计。针对目前获得的组件和系统总的需求描述，构造系统总体结构。

（5）搜索可复用的组件。依据系统体系结构设计，再次搜索可复用的组件进行确认。

（6）使用复用的系统设计。开始设计系统的框架，或者重复使用已存在的设计框架。设计者分析可重复使用的组件并设计一个框架来组织这些组件。

（7）开发和集成。整个系统包括了可复用的组件和需要自己开发的部分，继承自己开发的部分和相应的可利用的组件，使之成为一个整体。

(8) 系统有效性验证。对系统所获得最终结果进行测试，并验证是否满足了系统需求。

基于组件开发的主要困难是维护和进化问题，组件在发布之后很难得到源程序代码，当需求变更时，不可能通过改变组件适应需求的变化。但是，应用组件开发模型，有利于减少需要开发的软件数量，降低软件开发成本，并且降低软件项目风险，能够实现软件快速交付。构件化应用开发必须要有开发工具的支撑，包括集成开发环境、应用运行环境、应用管理及构件库管理等。不同行业领域应用的公共业务逻辑，体现在构件库中不同的业务构件或构件组。领域构件体现了个性化需求，包含有特定领域业务构件的应用基础平台就是该领域的应用平台。基于构件的软件工程最需要解决的问题是如何建造构件模型和确立软件体系结构（即构架）。构件模型决定了软件系统构架的思维逻辑。在构件和构架模型中，有必要把构件与构件间的交互作用相分离，以提高构件的独立性和可重用性。

1.3.7　XP 方法

XP（极限编程，Extreme Programming）是由 Kent Beck 在 1996 年提出的。Kent Beck 在 20 世纪 90 年代初期开始就一直探索着新的软件开发方法，希望能使软件开发更加简单而有效。Kent 仔细地观察和分析了各种简化软件开发的前提条件、可能性以及面临的困难。1996 年 3 月，Kent 终于在为 Daimler Chrysler 所做的一个项目中引入了新的软件开发观念——XP。XP 是一个轻量级的、灵巧的软件开发方法，同时它也是一个非常严谨和周密的方法。它的基础和价值观是交流、朴素、反馈和勇气；即任何一个软件项目都可以从四个方面入手进行改善：加强交流；从简单做起；寻求反馈；勇于实事求是。XP 是一种近螺旋式的开发方法，它将复杂的开发过程分解为一个个相对比较简单的小周期；通过积极的交流、反馈以及其他一系列的方法，开发人员和客户可以非常清楚开发进度、变化、待解决的问题和潜在的困难等，并根据实际情况及时地调整开发过程。

XP 方法是建立在开发和交付非常小的功能增量方式上的，客户参与开发过程，经常性地进行代码改进和非自我程序设计。其核心思想是交流（Communication）、简单（Simplicity）、反馈（Feedback）和进取。XP 小组采用的是民主的小组结构，程序员一起编写代码，集体对开发的程序负责。这个小组不仅包括开发人员，还包括管理人员和客户，该模型强调小组成员之间要经常进行交流。其优点是：采用简单计划策略，不需要长期计划和复杂模型，开发周期短；在全过程采用迭代增量开发，反馈修正和反复测试的方法，软件质量有保证；能够适应用户经常变化的需求，提供用户满意的高质量软件。

1.3.8　基于 Web 的开发模型

因特网具有传播信息容量大、形态多样、迅速方便、全球覆盖、自由和交互的特点，已经发展成为新的传播媒体，所以全球几乎每个企业、机构纷纷建立自己的 Web 站点。随着 Web 站点数量的增多、规模的增大，在 Web 开发中遇到的问题也越来越多。传统 Web 开发的过程大多具有随意性，缺乏系统的方法、质量控制和保证过程，是不符合方法学的。站点的目标定义得很松散，整个开发进程依靠的是直觉，没有严格的过程定义而缺乏可预见性。以这种方法开发的站点偶尔也会成功，但更多的情况却是项目的失败。而且，随着基于 Web 的系统变得越来越复杂，一个项目的失败可能导致很多问题。当这种情况发生时，人们对 Web 和 Internet 的信心可能会动摇，从而引起 Web 危机。因此，复杂的 Web 站点需要认真地计划，采用适当的进程模型或方法学来指导 Web 的设计和开发。

随着 Web 系统规模的扩大和应用的增多，Web 开发正变得越来越接近软件开发。Web 开发的特点为：

（1）Web 是一种软件。最早的 Web 设计是很简单的，大量的超链接、文本和图片。而现在的 Web 已经具备了与数据紧密连接的需要，大量 B/S 结构的应用，毫无疑问，Web 已经成为软件的一个重要分支。

（2）Web 项目是工程项目。Web 项目正变得越来越复杂，如果不强调项目的工程性，则整个项目的实施将陷入混乱之中。

（3）Web 开发需要人员组织管理。Web 开发需要多种技术人员共同完成，例如系统分析员、程序设计员、美工人员等。这就涉及人员组织管理问题。

（4）Web 开发需要测试和维护。Web 开发的产品要放到网络上，要接受大量不同用户的浏览和使用，所以测试工作尤其重要。维护也是一样，没有经过及时维护的网站是没有价值的。

基于上述特点，在 Web 开发中采用软件开发的方法学和软件工程的思想是完全可行的。因此，对于大量的 Web 开发具有用户需求不明确，用户对预期的开发结果难以准确描述的特点，采用 Web 快速原型模型，如图 1-17 所示。

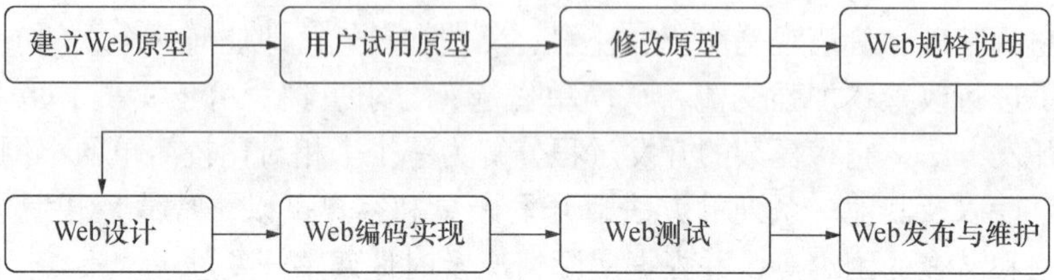

图 1-17 Web 快速原型模型

（1）建立 Web 原型。根据用户能够提出的初步需求，开发人员快速建立一个 Web 原型系统。在建立 Web 原型的过程中，主要强调快速，可以充分利用现有的 Web 资源和构件，利用模板技术迅速实现原型。

（2）用户试用。用户在计算机上试用 Web 原型系统，通过使用原型系统，用户可以发现系统功能、性能等方面的问题，特别是对系统的可用性，可以提出很好的建议。这里要特别注意，开发人员和用户的良好沟通是非常重要的，要避免用户提出不合理的要求而使 Web 设计偏离最终目标。

（3）修改原型。针对用户提出的修改建议，开发人员按照用户意见快速修改原型系统，然后再次请用户试用，如此循环直到用户满意为止。

（4）Web 规格说明。如果用户对 Web 原型满意，开发人员就可以根据目前的原型确切定义 Web 系统的规格说明，为后面的开发工作奠定扎实的基础。

（5）Web 设计。根据 Web 规格说明，做出 Web 系统的功能设计和性能设计，还要包括版面设计、后台数据库设计等。Web设计还要特别注意可用性，可采用以用户为中心的设计方法。

（6）Web编码实现。Web编码实现阶段包括数据库程序的开发、页面程序的编写和所有网页的制作，所有内容都要链接到相关的页面。在本阶段需要程序员和网页设计师协同工作，并且要随时测试网页和程序，发现问题要立刻记录并反馈，以便修改。

（7）Web测试。测试人员要检查和验证Web系统是否按照规格说明和设计要求正常运行，而且要评价Web系统在不同用户的浏览器中显示是否合适，还要从最终用户的角度进行安全性和可用性测试，以及对流量和性能方面进行测试。

（8）Web发布与维护。把经过测试的Web系统传送到网络上，供用户浏览和使用，并进行长期的维护工作。Web系统的维护是比较频繁的，包括页面内容的更新和页面结构的改变等。

Web开发是一个复杂的工程过程，采用基于软件工程思想的Web快速原型模型实施Web项目的开发，能够较好地解决Web危机问题，可以进行更加有效率、高质量的Web开发。但同时也必须看到Web系统的复杂性和成长性，没有一种Web开发模型可以适应所有的情况，在Web开发模型的研究上还需要更多的努力和完善。

1.3.9　自动化的过程支持

计算机辅助软件工程（Computer-Aided Software Engineering，CASE）是用来支持软件过程活动的软件，如项目规划、需求分析、系统设计、编码实现和系统测试等活动都拥有相应的软件辅助支持。CASE工具包括设计编辑器、数据字典、编译器、调试器、系统建设工具等。CASE技术通过自动化过程活动和提供正被开发的软件信息来支持软件过程。使用CASE可以自动化活动的例子包括：

- 需求描述或软件设计的图形化系统模型开发；
- 通过数据字典了解设计中的实体和关系的信息；
- 通过提供执行程序的信息来调试程序；
- 通过用户交互式生成的图形化界面描述产生用户界面；
- 程序的自动转换。

一般来说，依照CASE技术对软件过程支持的广度划分为以下三类，具体描述如图1-18所示。

（1）工具类。用以支持实现过程的独立工具，如编译器、编辑器、文件比较器等。这些工具可以是通用的独立工具，也可以被集成到工作平台上。

（2）工作平台。用以支持开发过程，如支持需求、设计描述等活动的集成度不同的一组集成工具。

（3）环境。用以支持整个软件生存周期过程的所有活动，以一定方式集成的几个工作平台。

使用CASE可以实现软件开发自动化活动，如：

- 规划工具中常用的有PERT工具、电子表格工具；
- 编辑工具有文本编辑器、图表编辑器和字处理器；

- 语言处理器有编译器、解释器；
- 原型建立工具中的用户界面生成器；
- 调试工具中的交互式调试系统。

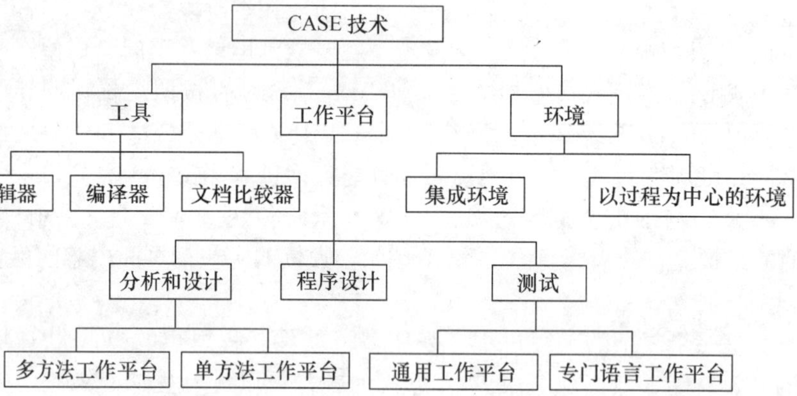

图 1-18 CASE 技术的组成

通过分析 CASE 技术组成，可以看到 CASE 的工作平台是以软件工程开发过程的活动进行划分的，而 CASE 环境由集成环境和以过程为中心的环境组成。在实际运用过程中，这些分类并没有明显的界限。工具可以独立使用，也可以与其他工具一起使用。如计算机语言开发环境包括代码编辑器和语言编译器，以及相应的调试工具等融在一起。采用 CASE 工作平台，可以支持软件的整体开发过程。CASE 技术为软件开发过程提供自动化的支持。

本章要点

本章的主要内容是认识软件的含义，了解软件开发过程中存在的问题，揭示出软件工程的内在含义以及软件工程在软件开发过程中所起到的作用。另一方面，通过软件开发过程模型掌握几种模型的特点、过程以及应用的不同方面，并加强了解软件过程模型的运用对软件开发所起到的重要作用。

练习

1.1 软件的特点都有哪些?

1.2 软件开发过程中都存在哪些问题?

1.3 通过调查收集相应的资料，软件的应用都在哪些领域上? 如何理解软件的分类?

1.4 瀑布模型都有哪些特点? 阶段的顺序性说明了什么?

1.5 在实际软件开发中，原型模型在系统开发过程中应用在哪些方面?

1.6 某软件公司计划开发一个游戏软件，由于市场竞争非常激烈，要尽快占领市场，又能够较好地具有完善的功能，作为一名项目经理选取哪种开发模型较为合适? 为什么?

1.7 如何理解 CASE 技术的工作平台? 请做调查，在实际开发过程中是如何运用 CASE 技术的工作平台的?

第 2 章　软件需求分析

本章概述和学习目标

通过本章的学习，将会了解到软件需求分析的任务、获取需求的相关技术、需求分析的方法和模型表示，以及需求分析的文档说明要求，并进一步了解软件需求分析使用的工具和案例分析。分为以下 6 个方面：

- 需求分析的任务和分类；
- 需求获取的相关技术；
- 软件需求分析的描述模型；
- 需求分析的方法；
- 软件需求分析文档；
- 软件的案例需求分析。

软件开发中一个至关重要的问题——软件需求问题。软件开发人员及用户往往容易忽略信息沟通，导致软件开发出来后，不能很好地满足用户的需要。而返工则不仅在技术上给开发人员带来巨大的麻烦，软件性能深受影响，而且造成人力、物力的浪费。因此，在开发周期早期提高项目需求分析的质量，减少重复劳动，通过控制项目范围的扩展及需求变更来达到按计划完成预定目标是当前我国软件业急需解决的问题。软件需求是用户对所开发软件的基本要求，包括系统的功能、性能等方面的要求和期望。软件需求分析是软件开发过程首要阶段，主要完成对用户所提要求的理解，对当前系统中存在问题的认识，并对目标系统应该具有的服务和约束加以描述。

本章要求：学生掌握需求分析的具体步骤和方法，提高分析问题和解决问题的能力，重点掌握需求分析的基本方法和描述工具。

2.1　需求与需求分析

2.1.1　需求的定义

软件工程师所解决的问题通常很复杂，了解问题的本质是很困难的。从项目相关人员入手，能够获得较为全面的信息。项目相关人员涉及对项目有利益关系的人员，包括：

- 发现系统的潜在最终用户；
- 考虑系统打算支持的业务过程描述以及与这些过程相关的人员；
- 可能会受到系统引入的影响的人员；
- 使用系统的客户；
- 开发和维护系统的工程师和维护人员；
- 可能给系统添加需求的监管机构和认证机构等。

因此，项目相关人员可能是系统最终用户和机构管理人员、工程人员、业务专家、工会代表等。例如，Autoteller银行自动柜员机系统（ATM）的项目相关人员有：

- 当前银行客户；
- 其他银行代表；
- 硬件和软件维护工程师；
- 市场开发部；
- 银行管理者；
- 柜台职员；
- 数据库管理员；
- 信息安全管理员。

这些项目相关人员会对系统提出不同方面的要求，最终都会有可能成为系统的需求，那么到底什么是需求呢？一般来说，需求是对系统应提供的服务和所受到的约束的描述。需求来自于用户，同时也是经过了开发人员抽象之后的需求，因此，从两个方面阐述了系统所应该具备的内容，将需求分为用户需求和系统需求，用户需求表达了高层的概要需求，系统需求表达对系统应该提供哪些服务的详细描述。具体定义如下：

1. 用户需求

用户根据自己的工作实际需要，采用自然语言、非形式化的图形或一些适合正在解决问题的表示法等，给出的关于系统需要提供哪些服务以及系统操作受到哪些约束的说明。用户是项目的相关人员，通常不会描述得很详细。

2. 系统需求

系统需求是指详细地给出系统将要提供的服务以及系统所受到的约束的描述。这是详细的需求说明，可以表达成系统的抽象模型，在以后的章节中会给出详细的需求分析模型。如表2-1所示，某高校选课系统给出的用户需求和系统需求的描述不同。

表2-1 用户需求和系统需求描述

用户需求描述	系统需求描述
可以帮助学生选取课程，产生课表	选取课程、生成课表、修改课表、打印课表等

在系统需求说明中，又包括两类需求，称为功能性需求和非功能性需求。具体定义如下：

（1）功能性需求。包括对系统提供的服务、如何对输入做出反应以及系统在特定条件下的行为描述。如文字处理软件能够提供文字编辑、保存、新建、插入其他对象、打印输出等功能，可以实现对文件的查找、浏览。功能性需求描述了系统应该做什么，系统预期提供的功能或服务，一般取决于开发的软件类型、软件未来的用户和开发的系统类型，因此，它详细地描述系统的功能、输入、输出和异常。

（2）非功能性需求。是指不直接与系统具体功能相关的一类需求，与系统的总体特性有关，如可靠性、反应时间和存储空间。对系统提供的服务或功能给出的约束，包括时间约束、开发过程的约束、标准等。许多非功能性需求关心的是系统整体特性而不是个别的系统特性，因此，非功能性需求比功能性需求对系统更为关键。如果一个功能性需求没有满足，则可能降低系统的能力；而如果一个非功能需求没有满足，则可能使整个系统无法使用。我们经常听说关于银行出错造成某个银行卡突然出现大笔金额，或存折上出现大额数目等，这些都是因为银行管理软件出现错误，结果造成银行系统某些部分无法运行。提供基本功能并不是系统能够正常运行的基本要求。然而，非功能需求来源于用户的限制，包括预算的限制、组织机构的特征、相关的管理政策、与系统其他设备、硬件的衔接，以及其他安全、隐私等方面的要求，都会造成系统非正常运行，降低系统的性能指标。一般将非功能性需求依照起源进行分类，如图 2-1 所示。

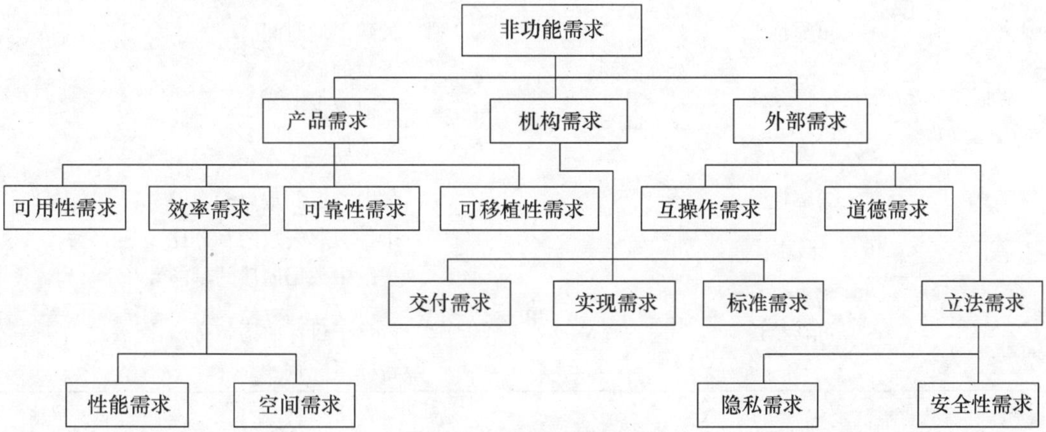

图 2-1　非功能性需求的分类

① 产品需求。描述产品行为的需求，包括系统运行速度和内存消耗等性能需求；也包括反应系统可以接受的出错率等系统可靠性需求，以及系统可移植性和可用性方面的需求。如某信息查询软件产品需求在 1s 中的时间内给出相应的结果。这是效率需求的描述。很多软件产品对系统所占用的空间、运行环境都有相应的要求。

② 机构需求。起源于客户所在的机构和开发者所在的机构中的政策和规定。包括机构采用的过程标准；实现系统的相应要求，如程序开发语言、系统运行环境、设计方法等；还有交付方面的要求，对产品及其文档交付的要求。一般软件产品都会有完成时间、产品所具有的标准等方面的要求。

③ 外部需求。指系统外部因素和开发过程。包括互操作需求，定义系统如何与其他机构中的系统实现互操作；法律需求，确保系统在法律许可的范围内工作；道德需求，保证系统能被用户和一般社会公众所接受。因此，特别是软件产品的知识产权问题，以及系统运行的安全性等问题尤为突出。

一般来说，非功能性需求需要量化，表 2-2 给出了用来指定非功能性系统特性的度量。基于这些度量可以检验系统是否满足了相应的需求。

表 2-2　非功能性需求的度量

性　质	度量方法
速　度	每秒处理的事务 用户/事务的响应时间 屏幕刷新时间
规　模	程序所含的字节数 RAM 芯片数
可用性	培训时间 帮助画面数
可靠性	失败平均时间 无效的概率 失败发生率 有效性
鲁棒性	失败之后的重启次数 事件引起失败的百分比 失败中数据崩溃的可能性
可移植性	依赖于目标的语句百分比 目标系统数

功能性需求和非功能性需求理论上应该在需求文档中分开描述，但是，如果将非功能性需求与功能需求分开，它们之间的关系很难看出来，因此，通常的做法是将系统总体特性方面的需求单独列举出来，或有别于其他需求。另外，在需求方面中，目前还包含了领域需求，很多实际应用软件系统是处在某个特殊领域中，具有领域独特的需求要求，反映了领域的基本问题，可能是一个新的特有的功能需求、对已存在的功能需求的约束或者是需要实现的一个特别计算等。如很多特殊的领域，像银行、证券、电信等需要有其特殊的计算方式，数字表示的精度要求等；而石油、化工、医药等由于生产管理方式的特殊性，有自己独到的领域知识，更多地受限于政策、法规、标准等。

2.1.2　需求分析的任务

需求分析是软件工程中的一种活动，是系统设计的基础。软件需求分析阶段是把来自用户的信息加以分析提炼，抽象出功能和性能的描述。通过需求分析，使得软件工程师能够划分出软件的功能、性能，指出软件系统和其他系统之间的接口，并建立软件系统必须满足的约束。它要求分析员具有相应的业务知识，能够很好地理解用户需求和用户环境，并且有广泛的计算机知识，有一定的硬件、软件系统开发经验，有良好的沟通能力，对用户的需求具有概括和分析能力。因此，需求分析的主要任务是通过软件开发人员与用户的交流和讨论，准确地获取用户对系统的具体要求。为了满足用户的需求，回答系统必须“做什么”的问题，需求分析的任务还不是确定系统怎样完成它的工作，仅仅是确定系统要完成哪些工作，也就是对系统提出完整、准确、清晰、具体的要求。然后，在正确理解用户需求的前提下，软件开发人员还需要将这些需求准确地以文档的形式表达出来，作为设计的依据。需求分析阶段结束时，需要提交的主要文档是软件需求规格说明书。通俗地说，需求分析的任务就是准确地定义未来系统的目标，确定为了满足用户的需求系统必须做什么，用规范的形式准确地表达用户的需求。

具体而言，需求分析主要有两个任务。

第一是通过对问题及其环境的理解、分析和综合，建立分析模型。

分析人员通过对问题及其环境的理解、分析和综合，清除用户需求的模糊性、歧义性和不一致性，分析人员将自己对原始问题的理解与软件开发经验结合起来，对问题进行归纳和整理。在对问题进行需求描述时，一般包括了对目标系统的外部行为、性能、功能等方面的描述。形式化的语言用户难以理解，甚至一些计算机术语用户都难以理解，用文字表达很难清楚地展现系统的体系结构，表示系统的需求。而分析人员选定一些图形记号分别表示信息流、处理的功能和系统行为，并用这些符号构成分析模型方式，以一种简洁、准确、结构清晰的方式描述软件系统需求，用户比较容易看懂，很容易和用户交流，有利于需求分析的评审。

第二是在完全弄清用户对软件系统的确切要求的基础上，用“软件需求规格说明书”（Software Requirement Specification，SRS，以下简称需求说明书）把用户的需求表达出来。

作为设计的基础和验收的依据，需求说明书应该是精确而无二义的，这样才不致被人误解。

用户能看懂需求说明书，并能发现和指出其中的错误是保证软件系统质量的关键，所以需求说明书必须简明易懂，尽量不包含计算机技术上的概念和术语，使用户和软件人员都能接受它。总之，需求说明书应该既完整、一致、无二义，又要简明易懂并易于维护。需求说明书主要有以下三个作用。

（1）作为用户和软件人员之间的合同，为双方相互了解提供基础。用户通过需求规格说明书在分析阶段即可初步判定目标系统是否能够满足用户的期望。

（2）反映出问题的结构，可以作为软件人员进行设计和编写的基础。设计人员以需求规格说明书作为设计的基本出发点。

（3）作为验收的依据，即作为选取测试用例和进行形式验证的依据。根据需求规格说明书确立测试标准，并且各项需求都应该是可测试的。

因此，需求分析所要做的主要工作是深入描述软件的功能和性能，确定软件设计的限制和软件系统同其他系统之间的接口，定义软件的有效性需求。分析员通过需求分析，逐步细化对软件的要求，描述软件要处理的数据域，并给软件开发提供一种可转化为数据设计、结构设计和过程设计的数据与功能表示。在软件完成后，制定的软件需求规格说明书还要为评价软件质量提供依据。

2.1.3　需求分析的步骤

需求分析过程是对现有系统的问题分析与获取的过程，通过需求分析的步骤去获得准确的需求，并以文档方式加以描述和验证需求，如图 2-2 所示。

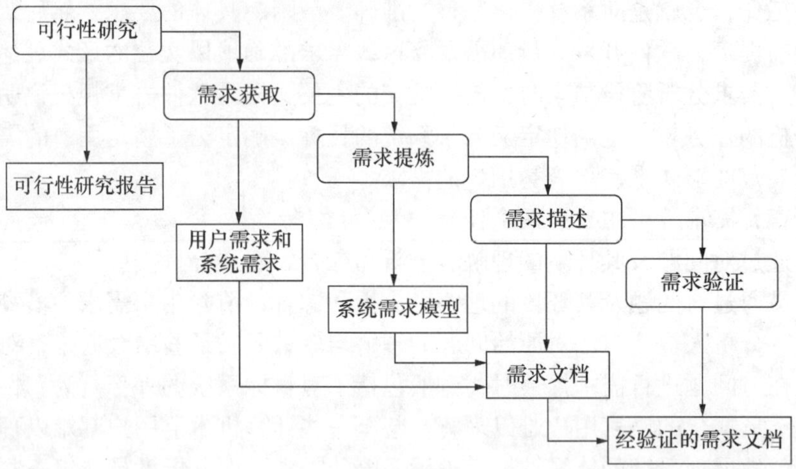

图 2-2 需求分析的步骤

通过图 2-2 可以看出，需求分析阶段的工作，大致可分为如下几个步骤。

1. 可行性研究

可行性研究的输入信息是系统的一个框架描述和系统将如何在机构中使用的说明信息，可行性研究的结果给出一份研究报告，主要阐述项目是否值得开发，并给出具体的意见和建议。一般来说，主要集中在几个焦点问题上，如系统是否符合机构的总体目标？系统是否可能在现有的技术条件、预算和时间限制内完成？系统能否与已存在的其他系统兼容？可行性研究包括信息评估、信息汇总和报告生成。可行性研究报告需要对系统是否要开发给出意见和建议，可能提出对系统功能范围的修正、对预算和时间安排的调整意见和建议。

2. 需求获取

通过与用户、客户和其他与系统开发相关的人员交流，进行调查研究，来发现系统需求的过程。需求信息的获取可来源于阅读描述系统需求的用户文档；对相关软件、技术的市场调查；对管理部门、用户的访问咨询；对工作现场的实际考察等。

3. 需求提炼：建立系统的逻辑模型

需求提炼的主要任务是建立分析模型。图形化的分析模型是说明软件需求极好的手段，常用的模型有数据流图、实体关系图等。对于获取的原始需求，软件开发人员需要根据掌握的专业知识，运用抽象的逻辑思维，找出需求间的内在联系和矛盾，去除需求中不合理和非本质的部分，确定软件系统的真正需求，通过现有的需求分析的方法及工具，对其进行清晰、准确的描述。

4. 需求描述：编写需求规格说明书

需求阶段应提交的主要文档包括需求说明书、初步的用户手册和修正后的开发计划。

5. 需求验证

为了保证软件开发的质量，对需求分析阶段的工作要按照严格的规范进行复审，从不同的技术角度对该阶段工作做出综合性的评价。通过评审可以发现具有二义性的或无法实现的需求，以及那些定义不够明确的需求。

因此，软件需求分析的过程就是依据软件的作用范围，进一步对目标的对象和环境做细致深入的调查，提出可能的各种解决方案，加以分析评价，配置相应的其他元素，建立一个目标系统的逻辑模型并写出软件需求说明书。

2.1.4　需求的内容与特征

1. 需求的内容

在需求分析过程中通常需求描述都是关于系统如何与它所处的环境交互的过程，需求的内容一般包括以下各项。

（1）功能描述。功能需求描述主要对系统做什么、系统何时做什么、系统何时及如何修改或升级等方面的内容加以说明。

（2）性能描述。性能需求描述阐述软件开发的技术性能指标，例如：存储容量限制执行速度，相应时间吞吐量。

（3）环境需求。包括硬件和软件所需要的环境，硬件环境包括：机型、外设、接口、地点、分布、温度、湿度、磁场干扰等，软件环境包括：操作系统、网络、数据库等。

（4）界面需求。界面需求主要描述系统内部信息交换以及与外部系统之间的信息交换，如有来自其他系统的输入吗？有来自其他系统的输出吗？对数据格式有规定吗？

（5）用户或人的因素。用户类型决定了提供的系统说明和培训内容的不同，各种用户熟练程度、受何种训练能够使用户理解系统的基本操作，使用系统的难度、用户错误操作系统的可能性有多少等问题。

（6）文档需求。文档需求描述给出需要哪些文档，文档针对哪些读者等做进一步说明。

（7）数据需求。数据需求给出输入、输出数据的格式要求，以及发送数据的频率、数据的准确性和精度，还有数据流量、数据需保持的时间等信息。

（8）资源需求。资源需求描述软件运行时所需的数据、软件、内存空间等资源，以及软件开发、维护所需的人力、支撑的软件和开发设备等。

（9）安全保密。安全保密要求需对访问系统或系统信息加以控制吗？如何隔离用户之间的数据？程序如何与其他程序和操作系统隔离？以及系统备份等要求。

（10）软件成本消耗与开发进度。软件成本消耗与开发进度需求给出软件开发规定的时间表、软硬件投资有无限制等问题。

（11）质量保证。质量保证对系统的可靠性要求加以描述。系统必须监测和隔离错误吗？出错后，重启系统允许的时间？系统变化如何反映到设计中？维护是否包括对系统的改进？系统的可移植性问题等。

2. 需求的特征

需求不仅描述了与系统之间的信息流向，系统对信息进行了转化的过程，而且描述了系统的约束条件。因此，通常针对需求的特征进行验证。

（1）完整性。每一项需求都必须将所要实现的功能描述清楚，以使开发人员获得设计和实现这些功能的所有必要信息。

（2）正确性。每一项需求都必须准确地陈述其要开发的功能。做出正确判断的参考是需求的来源，如用户或高层的系统需求规格说明。若软件需求与对应的系统需求相抵触，则是不正确的。只有用户代表，才能确定用户需求的正确性，这就是一定要有用户的积极参与的原因。没有用户参与的需求评审将导致此类说法："那些毫无意义，这些才很可能是他们所要想的。"其实这完全是评审者凭空猜测。

（3）可行性。每一项需求都必须是在已知系统和环境的权能和限制范围内可以实施的。为避免不可行的需求，最好在获取（Elicitation）需求过程中始终有一位软件工程小组的组员与需求分析人员或市场人员在一起工作，由他负责检查技术可行性。

（4）必要性。每一项需求都应把客户真正所需要的和最终系统所需遵从的标准记录下来。"必要性"也可以理解为每项需求都是用来授权编写文档的"根源"。要使每项需求都能回溯至某项客户的输入，如使用实例或别的来源。

（5）划分优先级。给每项需求、特性或使用实例分配一个实施优先级以指明它在特定产品中所占的分量。如果把所有的需求都看做同样重要，那么项目管理者在开发或节省预算或调度中就会丧失控制自由度。

（6）无二义性。对所有需求说明的读者都只能有一个明确统一的解释，由于自然语言极易导致二义性，所以尽量把每项需求用简洁明了的用户性的语言表达出来。避免二义性的有效方法包括对需求文档的正规审查，编写测试用例，开发原型以及设计特定的方案脚本。

（7）可验证性。检查一下每项需求是否能通过设计测试用例或其他的验证方法，如用演示、检测等来确定产品是否确实按需求实现了。如果需求不可验证，则确定其实施是否正确就成为主观臆断，而非客观分析了。一份前后矛盾、不可行或有二义性的需求也是不可验证的。

2.2 需求获取的技术

2.2.1 需求分析中出现的问题

在需求获取的过程中，可能会发现对产品范围的定义存在误差，不是太大就是太小。如果范围太大，则将要收集比真正需要更多的需求，以传递足够的业务和客户的值，此时获取过程将会拖延。如果项目范围太小，那么客户将会提出很重要的但又在当前产品范围之外的需求。由于当前的范围太小，以致不能提供一个令人满意的产品。需求的获取将导致修改项目的范围和任务，但做出这样具有深远影响的改变，一定要小心谨慎。正如人们常说的，需求主要是关于系统做什么，而解决方案如何实现是属于设计的范围。这样说虽然很简洁，但似乎过于简单化。需求的获取应该把重点放在“做什么”上，但在分析和设计之间还是存在一定的距离。可以使用假设“怎么做”来分类并改善对用户需求的理解。在需求的获取过程中，分析模型、屏幕图形和原型可以使概念表达得更加清楚，然后提供一个寻找错误和遗漏的办法，把在需求开发阶段所形成的模型和屏幕效果看成是方便高效交流的概念性建议，而不应该看成是对设计者选择的一种限制。因此，需求获取面临的挑战主要是对问题空间的理解、人与人之间的通信，以及需求的不断变化。需求分析阶段的结果是开发的基础，关系到系统的成败和质量，在实现这一阶段任务时必须要注意三个问题。

1. 交流障碍

一个项目的参与者既包括系统分析员，又包括系统用户、问题领域专家和项目管理者，这些人具备不同的背景知识，处于不同的角度，扮演不同的角色，造成了相互之间的交流的困难。

2. 问题的复杂性

造成问题复杂性的原因，一方面是由于用户需求所涉及的因素繁多引起的，如运行环境和系统功能等；另一方面是应用领域本身的复杂性。

3. 不完整性和不一致性

由于用户对于系统的要求所处的角度不一样，所以对问题的陈述往往是不完备的。如果用户使用了不易理解的专门术语，或用户与分析员对要求的内容做出不同的解释，则可能造成分析的不一致。

为了克服需求分析的困难，就要求双方必须在需求分析过程中加强沟通和协调，开发人员必须花费足够的时间，全面了解用户的需求，绝不能在需求模糊的情况下仓促进行软件设计和编程。不适当的需求过程所引起的一些风险如下：

(1) 无足够用户参与。每个软件产品都是为了使其用户能以某种方式改善他们的工作和生活环境，因此，必须让更多的用户参与需求分析。用户并不明白为什么收集需求和确保需求质量要花费大量的时间，而开发人员可能也不重视用户的参与。通常开发人员认为已经了解了用户的需求，并且还有一些是很难直接与用户接触的。但是无论何种情况，用户参与对于成功的软件开发是有必要的。

(2) 用户需求的不断增加。在开发中不断补充需求，项目就会越变越大，并不断补充新的代码，造成系统的整体结构混乱，且难以理解和维护。如果尽早区别可能带来的需求变更，更容易开发出一个更为健壮的软件系统。

(3) 模棱两可的需求。模棱两可的需求是软件需求分析的最大问题，主要是指不同的人员对需求说明产生不同的理解，并且对所理解的需求说明产生不同的解释，使开发人员为错误问题而浪费时间，造成不可避免的返工，重做一些认为已经完成的事情。处理这一类问题的办法最好是组织从不同角度审查需求的人员，不同的审查者从不同的角度对需求说明给予解释。

（4）不必要的特性。“画蛇添足”常是开发人员为增加一些用户欣赏但需求说明中并未有的功能，在其上耗费了大量的精力，结果是用户并不认为这些功能有用。为了将“画蛇添足”的危害尽量减少，应明确为什么要包括这些功能，以及这些功能的来源，使得需求分析过程始终是注重那些能使用户完成业务任务的核心功能。

（5）过于简练的需求说明。客户和开发人员经常不清楚需求说明文档的重要性，只是做一份简略的规格说明，然后让开发人员在项目进展过程中去完善，结果可能出现开发人员先建立产品的结构之后再完成需求说明。往往造成客户并不满意最终的产品，给开发人员带来很大挫折。

（6）忽略了用户分类。大多数产品是由不同的人使用其不同的特性，使用频繁程度也有所差异，使用者受教育程度和经验水平也不尽相同。如果不能在项目早期就针对所有这些主要用户进行分类，必然导致有些用户对产品不满意。因此，依据不同的用户细分相应的需求有助于开发出满意的产品。

（7）不准确的计划。对需求分析缺乏理解会导致过分乐观的估计，特别是完成时间和成本的估计往往不足。主要原因是频繁的需求变更、遗漏的需求、与用户交流不够、质量低下的需求规格说明和不完善的需求分析等方面。未经准备的估计通常作为一种猜测给出的，应尽力给出可达到的目标并坚持完成它。

2.2.2 需求获取的基本原则

需求获取的基本原则如下。

1. 深入浅出

对企业的需求调研要尽可能的全面细致，调研的需求是个全集，系统真正实现的是个子集。所做的工作可能一时看不到有什么作用，但是这样做可以对应用领域的业务吃得很透，能够避免一些不必要的麻烦，如可以保证系统的灵活性等。调研细致并不等于在分析时都面面俱到地将调研的内容纳入到新系统中，而有可能实现得很少，但再向细处扩充时将会很容易。即当新系统设计出来时，开发人员很清楚新系统与旧系统相符合的程度，还有多大的余地或工作可以做，对用户提出的一些细致的问题都能够在系统中找到解决方法。

2. 以流程为主线

在与用户交流的过程中，应该用流程将所有的内容串起来，如单据、信息、组织结构和处理规则等。这样便于交流沟通，符合用户的思维习惯。流程的描述既要有宏观，又要有微观。既要强调总体的业务流程、全生命周期的业务流程，又要对流程细化，添加相应的分支业务。在分析企业流程并进行优化时，要把握如下几个方面。

（1）流程中是否存在不必要的环节？

（2）是否可以将决策的权限下放到作业部门？

（3）流程是否可以简化？

（4）是否可以省略一些环节？

（5）流程中的每个处理环节是否起到了增值的作用？

（6）哪些流程可以并行处理？

（7）与需求并行可提前做的设计工作有哪些？例如数据库概念模型设计？基础数据字典设计？

因此，需求分析的原则是：

（1）分析人员要使用符合用户语言习惯的表达方式，更多地了解用户的业务知识和系统实现的目标，获得用户功能和质量要求的系统。

（2）分析人员对所获得的需求进行解释说明，形成软件需求报告。

（3）分析人员同时兼顾开发人员的建议和解决方案，尊重开发人员的需求和成本估计。

（4）分析人员要考虑可能存在的需求变更，遵照需求变更的控制过程。

（5）认真评审需求分析文档。

2.2.3　需求获取的常用技术

在需求工程中，需求获取阶段是和用户交往最多的一段时间。而绝大部分用户不懂得需求分析方法，他们不知道如何全面而又准确无误地表达自己的需求。因而对于需求分析人员来讲，需要掌握很好的方法与技巧，恰当地启发引导用户表达自己的需求，以便为项目的成功提供一个很好的基石。系统分析员为了获取正确的需求信息，通常使用一些基本的需求获取方法和技术，包括以下几种常见技术。

1. 跟班作业

通过亲身参加业务工作来了解业务活动的情况。这种方法可以比较准确地理解用户的需求，但比较耗费时间。首先确定谁、什么、哪里、什么时候、为什么、如何观察；并从相应的主管和经理那里获得许可；通知被观察的人观察的目的；并且保持较少的记录。

2. 开调查会

通过与用户座谈来了解业务活动情况及用户需求。座谈时，参加者之间可以相互启发。分析员可以使用它从回答者那里收到信息和观点。

3. 请专人介绍

请有经验的人介绍情况。

4. 询问

对某些调查中的问题，可以找专人询问。面谈是最重要和最常用的方法。

5. 设计调查表，请用户填写

如果调查表设计得合理，这种方法是很有效的，用户也很易于接受。

6. 查阅记录

查阅记录是指查阅与原系统有关的数据记录，包括原始单据、账簿、报表等。对现有文档、表格和文件进行抽样，包括办公室的便函、建议箱、客户抱怨、任务陈述、战略计划、工作目标、政策条款、操作规程、手册、报表样本等相关的原始文件。

比如，学生档案管理系统。

（1）跟班作业。需求分析人员和档案管理人员在一起工作，了解业务流程，咨询和记录业务活动。

（2）开调查会。约定时间和有关部分进行沟通，理解需求。

（3）请专业人员进行培训，讲解档案系统工作内容的方方面面。

（4）不清楚的时候，询问相关负责人或处理相关档案手续的人。

（5）根据前面的分析，设计合理的调查表，请用户填写。

（6）查询以前管理模式下的文档、数据记录。比如学生档案表所涉及的内容、相关需要打印的表等。

2.3 需求分析建模

2.3.1 用例建模

多年来，分析者总是利用情节或经历来描述用户和软件系统的交互方式，从而获取需求，系统地阐述成用使用用例（Use Case）的方法进行需求获取和建模。虽然使用用例来源于面向对象的开发环境，但是它也能应用在具有许多开发方法的项目中，因为用户并不关心怎样开发软件。用例是系统开发中用来描述系统需求，从用户的角度描述系统的场景，概括有关参与者和用例信息的一个图形化模型，描述了系统、子系统和类的一致的功能集合，表示了角色和用例之间的关系，表现为系统和一个或多个外部交互者（角色）的消息交互动作序列，主要包括系统、用例、角色和关联。用例组成如图 2-3 所示。

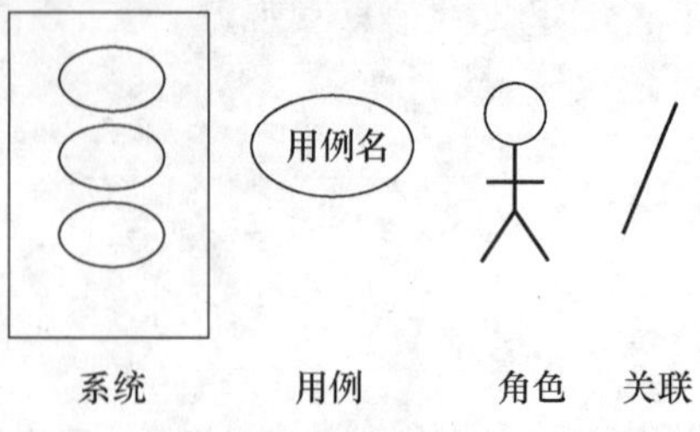

图 2-3 用例的组成

其中，一个用例可描述软件系统和一个外部角色（Actor）之间的一次交互。角色可以是人、软件、硬件或其他与系统交互的实体。如用户、外部系统和外部处理，通过建立关联与系统交互，如图 2-4 所示。

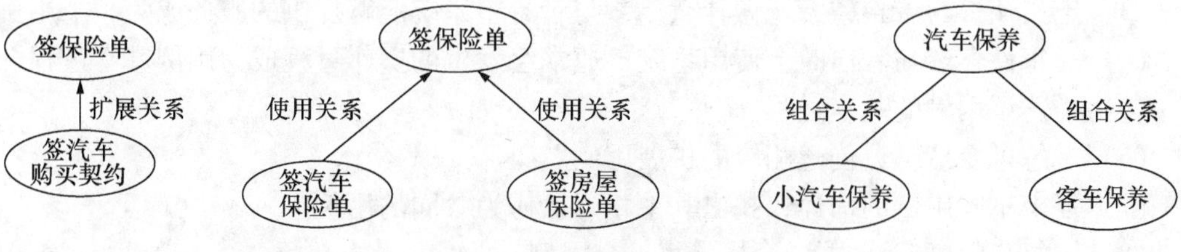

图 2-4　用例的关联关系

（1）扩展关系：若一个用例中加入一些新的动作后构成一个新的用例。

（2）使用关系：当一个用例使用另一个用例时，这两个用例构成使用关系。

（3）组合关系：用例之间存在类似的行为，或相互之间存在必要的关系，可以将相关的用例以封装方式加以组合。

一个使用用例描述了系统和一个外部“执行者”（Actor）的交互顺序，这体现执行者完成一项任务并给某人带来益处。执行者是指一个人，或另一个软件应用，或一个硬件，或其他一些与系统交互以实现某些目标的实体。执行者可以映像到一个或多个可以操作的用户类的角色。例如，图 2-5 所示的“图书馆的管理系统”中的“请求出借图书”使用用例包括一个名为“请求者”的执行者。在“图书馆的管理系统”中设有一个客户类叫请求者，但是图书管理员和图书供应商均可充当这一角色。使用用例为表达用户需求提供了一种方法，而这一方法必须与系统的业务需求相一致。分析者和用户必须检查每一个使用用例，在把它们纳入需求之前决定其是否在项目所定义的范围内。基于“使用用例”方法进行需求获取的目的在于：描述用户需要使用系统完成的所有任务。在理论上，一个用例就是系统向用户提供的一个有价值结果的某项功能，使用用例的结果集将包括所有合理的系统功能。

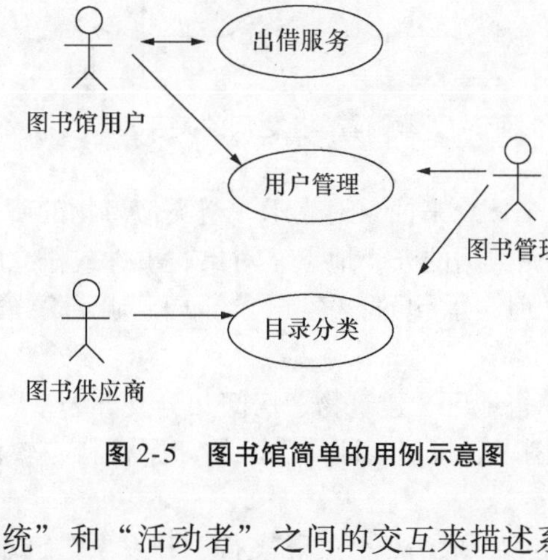

图 2-5　图书馆简单的用例示意图

用例通过描述“系统”和“活动者”之间的交互来描述系统的行为。用例模型在需求分析中很重要，它从用户的角度看待系统，是用户导向的，用户可以根据自己所对应的用例来不断细化自己的需求。建立用例模型的顺序是：

（1）确定谁会直接使用该系统。它们都会成为参与者（Actor）。

（2）选取其中一个参与者。

（3）定义该参与者希望系统做什么，参与者希望系统能够提供的服务成为一个用例。

（4）对每件事参与者何时会使用系统，通常会发生的操作过程成为用例基本过程。

（5）描述该用例的基本过程。

（6）考虑可变情况，创建相应的扩展用例。

（7）复审不同用例的描述，找出其中相同点作为共同的用例。

（8）重复步骤（2）～（7），找出每一个用例。

2.3.2 数据建模

通常大型系统中都要处理大量的数据，使用大型数据库，系统需求分析建模就是定义系统处理的数据的逻辑结构。比较广泛采用的数据建模技术是实体-关系建模，它描述了数据实体以及实体之间的关系和相关的属性，基本图形表示如图 2-6 所示。

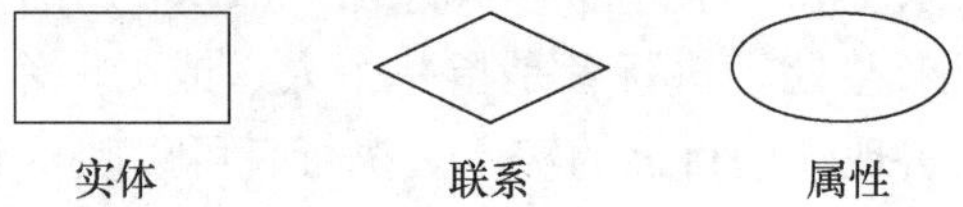

图 2-6 E-R 图的基本组成

例如，两个实体学生和教师的关系，如图 2-7 所示，表明了教师教学生，学生被教师教授之间的关系。

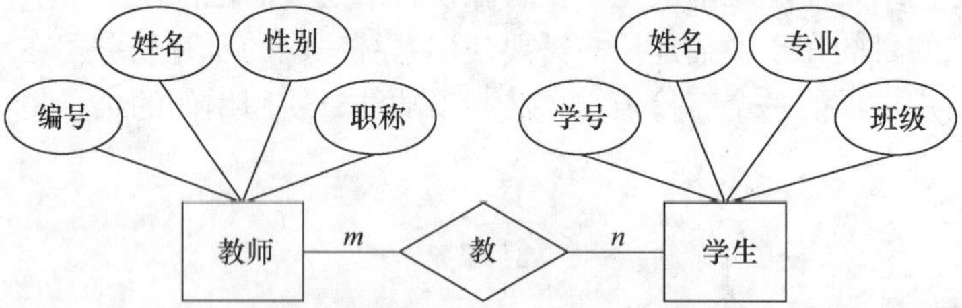

图 2-7 教师与学生之间的关系表示

实体（Entity）：需要一个概念来抽象地表示一组类似事物的所有实例，称这个概念为实体。是需要收集数据和存储数据的人、地点、对象、事件或概念的类。可以归类为：

（1）人（Persons）：代理、承包商、客户、部门、分部、雇员、导师、学生、供应商。

（2）地点（Places）：销售地区、建筑物、房间、分支办公室、校园。

（3）对象（Objects）：图书、机器、部件、产品、原材料、软件许可证、软件包、工具、汽车模型、汽车。

（4）事件（Events）：奖励、取消、分类、飞行、开发票、订单、注册、续借、获取、预订、销售、旅行。

(5) 概念（Concepts）：账号、时间段、债券、课程、基金、资格、股票。

属性：是实体的描述性性质或特征。包括基本属性和复合属性，基本属性是实体的一条特定信息，如学生实体中的姓名、学号等；而复合属性是包括许多相关属性的属性，如生日是由年月日三个基本属性组成。每个属性都有相应的数值和取值范围。

构造数据模型的方法为：

- 获取实体；
- 上下文数据模型；
- 基于键的数据模型；
- 概化层次体系，确定子类与超类的继承关系；
- 具有完整属性的数据模型，确定属性。

2.3.3 过程建模

在需求分析阶段，数据流（也称信息流）是系统分析的基础。所谓数据流，形象地说就是系统中“流动的数据结构”。数据流图（Data Flow Diagram，DFD）从数据传递和加工的角度出发，刻画数据流从输入到输出的移动和变换过程，它能够清晰地反映系统必须完成的逻辑功能。

对于大多数数据处理系统来说，从数据流的角度来描述一个企事业组织的业务活动是比较合适的。数据流图描述了一个组织有哪几个组成部分，也描述了来往于各部分之间的数据流。

1. 数据流图的基本成分

数据流图有四种基本符号，如图 2-8 所示。矩形代表数据源点或终点，圆形（或圆角矩形）代表数据加工，两条平行线（或开口矩形）代表数据存储，箭头代表数据流。

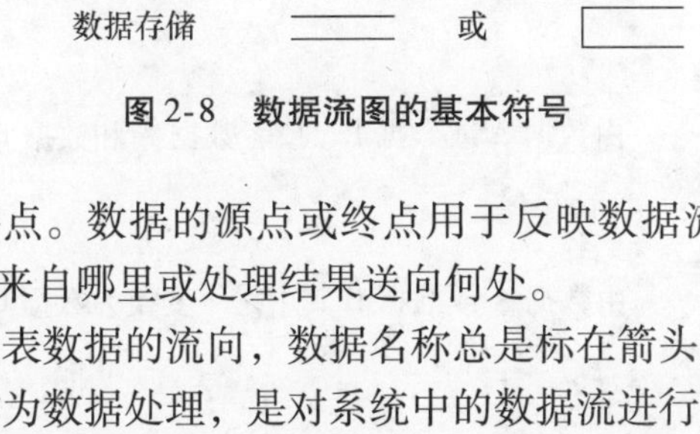

图 2-8　数据流图的基本符号

(1) 数据的源点或终点。数据的源点或终点用于反映数据流图与外部实体之间的联系，表示图中的输入数据来自哪里或处理结果送向何处。

(2) 数据流。箭头代表数据的流向，数据名称总是标在箭头的边上。

(3) 加工。加工也称为数据处理，是对系统中的数据流进行的某些操作或变换。图中每个加工都要有对应的名称，最常见的名称是由一个表明具体动作的动词和一个表明处理对象的名词构成的，如登录成绩、统计成绩等。

（4）数据存储。在数据流图中用于保存数据的数据文件被称为数据存储，它可以是数据库文件或任何其他形式的数据组织。

注意：加工与文件之间数据流的方向，如果加工要读文件，则数据流是从文件流出的；如果加工要写文件或修改文件，则数据流是流向文件的；如果加工既要读文件又要写文件，则数据流是双向的。

一般来说，除了流向文件或从文件流出的数据流不必命名外，每个数据流必须有一个合适的名字。名字一方面是为了区别，同时也是给人一个直观的印象，使人容易理解这个数据流的含义。为数据流命名时，可从其组成成分或含义的角度来考虑，在图 2-9 中，“取款单”和“合理取款单”的组成是相同的，但后者是经检查后认为合理的（如它的“账号”和“户名”相符），这样的命名就易于理解。

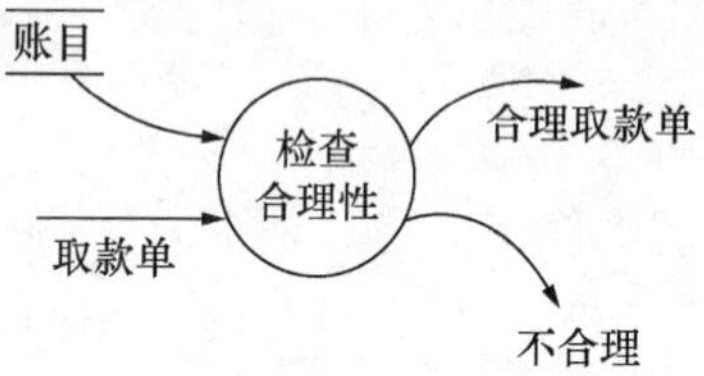

图 2-9　数据流的命名

数据流图的基本要点是描绘“做什么”，而不考虑“怎么做”。通常数据流图要忽略出错处理，也不包括诸如打开和关闭文件之类的内部处理。

2. 数据流与加工之间的关系

在数据流图中，可以有两个以上的数据流进入同一个加工，也可以有两个以上的数据流从同一个加工中流出，这样的多个数据流之间往往存在一定的关系。为了表示这些数据流之间的关系，需要在数据流图中给这些数据流对应的加工加上一定的标记符号。在表2-3中列出了加工中常见的几种关系的表示方法（表中以从加工流入或流出两个数据流为例）。

表 2-3　加工中常见关系的符号表示

符　号	含　义
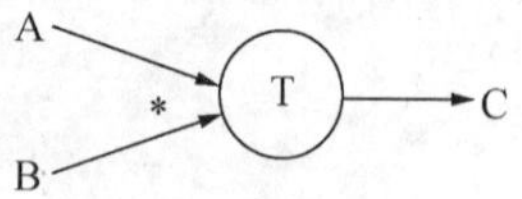	由数据 A 和数据 B 共同变换为数据 C
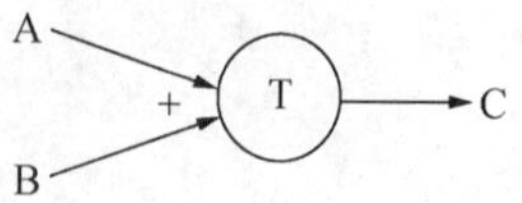	由数据 A 或数据 B，或者数据 A 和数据 B 共同变换为数据 C
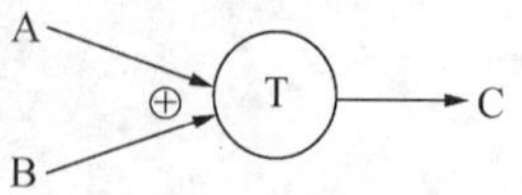	由数据 A 或数据 B 其中之一变换为数据 C
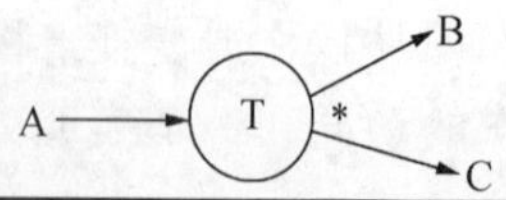	由数据 A 变换为数据 B 和数据 C

（续表）

符　　号	含　　义
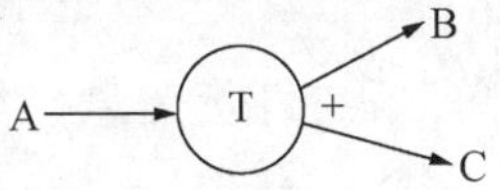	由数据 A 变换为数据 B 或数据 C，或者同时变换为数据 B 和数据 C
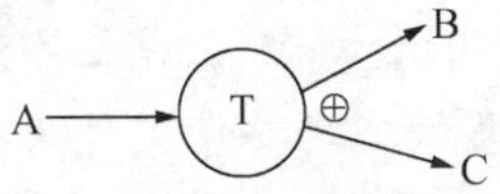	由数据 A 变换为数据 B 或数据 C 其中之一

【例 2-1】　设一个工厂采购部每天需要一张订货报表。订货的零件数据有：零件编号、名称、数量、价格、供应者等。零件的入库、出库事务通过计算机终端输入订货系统。当某零件的库存数少于给定的库存量临界值时，就应该再次订货。

数据流分析：

- 数据源点：仓库管理员（负责入库或出库事务给订货系统）；
- 数据终点：采购员（接收每天的订货报表）；
- 数据流：事务，订货；
- 数据存储：订货信息，库存清单；
- 处理：处理事务，产生报表。

（1）数据流。数据流可以从加工流向加工，也可以从加工流向文件或从文件流向加工，也可以从源点流向加工或从加工流向终点，如图 2-10 所示。

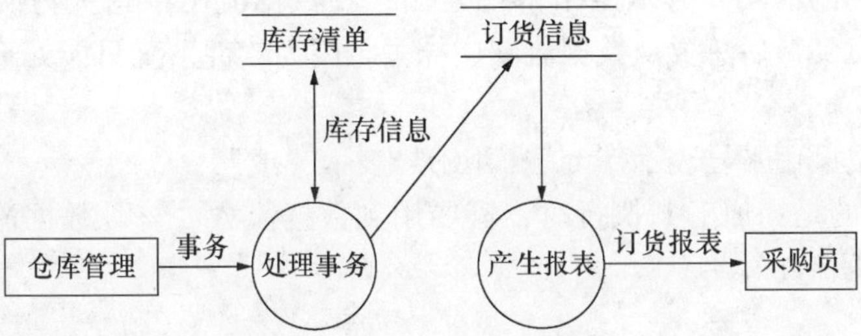

图 2-10　订货系统数据流图

应该注意的是，数据流图中描述的是数据流而不是控制流。图 2-11 中“取下一张卡片”是一个控制流而不是数据流，因为并没有任何数据沿着这个箭头流动，所以这个箭头应该从图中删去。

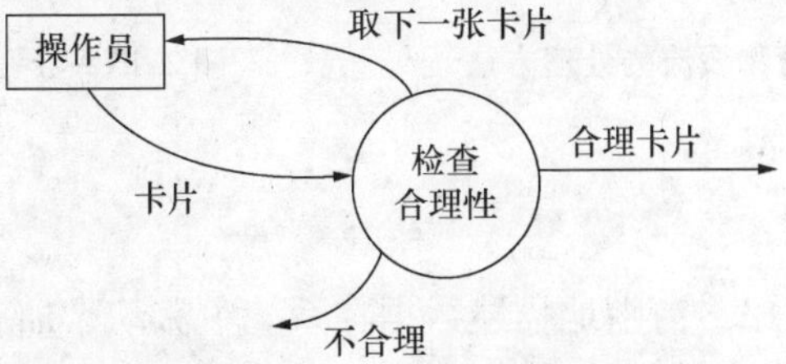

图 2-11　去掉控制流

（2）加工。加工是对数据进行的操作。图2-10中“处理事务”、“产生报表”等都是加工。加工的名字也应适当地反映这个加工的含义，使之容易理解。

每个加工还有一个编号，编号说明这个加工在层次分解中的位置。

（3）文件。文件是暂时存储的数据。图2-10中有“库存清单”、“订货信息”等文件。文件的名字也应适当地选择，以便理解。

注意： 加工与文件之间数据流的方向，如果加工要读文件，则数据流是从文件流出的；如果加工要写文件或修改文件，则数据流是流向文件的；如果加工既要读文件又要写文件，则数据流是双向的。

在图2-10中，加工“处理事务”要检查库存清单中是否有需要的货物，因此要查阅库存清单文件，如果有所需要的货物，库存清单文件需要进行修改，因此，该文件是可读写的文件，采用双向箭头；同时，在缺货情况下需要将缺货情况写入到订货信息文件中，该文件采用单箭头只写方式；如果是只读文件，图中的箭头从文件流出。

（4）源点和终点。一个数据处理系统的内部用数据流、文件和加工三种成分表示一般已够了，然而为了便于理解，有时还可以画出数据流的源点和终点来说明它的来龙去脉。

源点和终点通常是存在于系统之外的人员和组织，在图2-10中，“仓库管理员”是数据流“事务”的源点，“采购员”是数据流“订货报表”的终点。画出源点和终点只是起到注释作用，帮助理解而已，所以源点和终点的表达不必很严格。

除了上述四个基本成分之外，根据具体情况，数据流图中也可画出一些物质流。物质流可用粗箭头表示（如图2-12所示）。由于物质流与数据流往往是密切联系的，如一批货物同描述这批货物的清单一起从某个部门发出，在数据流图中画上物质流可能有助于理解，但是这类信息到最后总要从数据流图中抹去，因为软件系统只能处理数据流而不能处理物质。

数据流图中也可用*号表示“与”，用⊕号表示“或”。

图2-13表达的是：加工P执行时，需要用到数据流A“与”数据流B，而P输出数据流X“或”数据流Y。

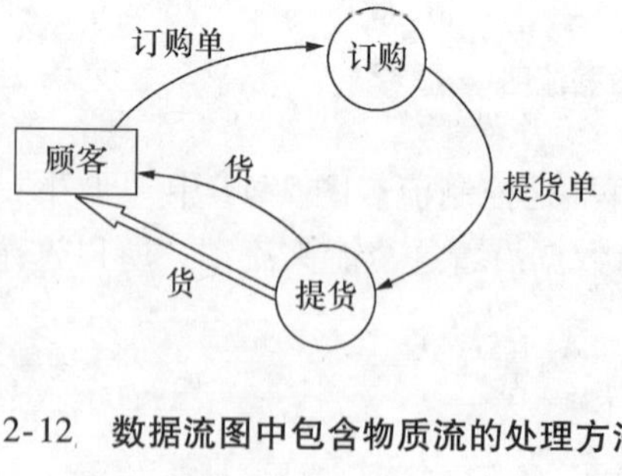

图2-12 数据流图中包含物质流的处理方法

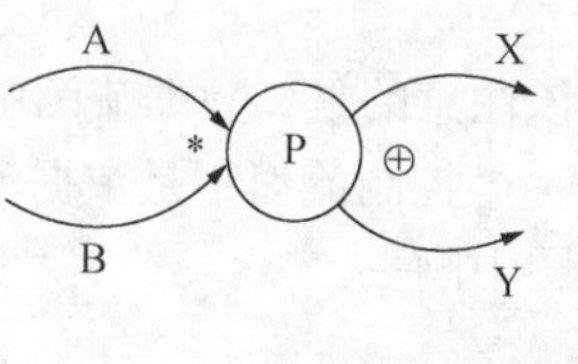

图2-13 数据流图中表示数据流的关系

3. 数据字典

虽然数据流图能够形象、清晰地描述数据在系统中流动、加工、存储的情况，但数据流图中的许多构成要素，如数据流、数据存储、加工，仅依靠名称并不能反映出其本质含义，因此必须对这些构成元素进行严格的定义。作为对数据流图的补充，数据字典（Data

Dictionary，DD）能够准确地定义数据流图中各组成成分的具体含义。

数据流图与数据字典是密切联系的，两者结合在一起才构成需求说明书。数据流图中出现的每一个数据流名、每一个文件名和每一个加工名在词典中都应有一个条目给出这个名字的定义。

（1）数据字典的基本符号。数据字典中可有以下四种类型的条目：数据流、文件、数据项、加工。

为了能够对数据流图中的各组成成分进行准确的定义，在数据字典中使用了多种特定含义的符号，如表 2-4 所示。

表 2-4　数据字典中基本符号及其含义

符　号	含　义	说　明
=	表示定义为	用于对“=”左边的条目进行确切的定义
+	表示与关系	
[|]	表示或关系	
( )	表示可选项	
{ }	表示重复	
m{ }n	表示规定次数的重复	
“…”	表示基本数据元素	
“..”	连接符	
*　*	表示注释	

① 数据流条目。数据流条目给出某个数据流的定义，它通常是列出该数据流的各组成数据项。例如：

- 数据流“成绩”由学号、姓名、班号、考试编号等数据项组成，则字典中的“成绩”条目是：

成绩 = 考试编号 + 学号 + 姓名 + 班号 + 课程名称 + 分数

- 数据流“学生成绩”由学号、姓名及若干行“课程名称”和“分数”等组成，则字典中“学生成绩”条目是：

学生成绩 = 学号 + 姓名 + {课程名称 + 分数} + 总分 + 平均分

② 文件条目。文件的定义通常是列出其记录的组成数据项，还可指出文件的组织方式。例如：

定期账目 = 账号 + 户名 + 地址 + 款额 + 存期
组织：按账号递增次序排列

③ 数据项条目。数据项条目给出某个数据单项的定义，通常是该数据项的值类型、允许值等，例如“账号”这个数据项的值可以是 00000～99999 之间的任意整数，则字典条目“账号”可写成账号 = 00000 – 99999，又如数据项“存期”可取 1、3、5、8 等几个

值，则字典条目“存期”可写成：

存期 = ［1｜3｜5｜8］

上面是采用公式的形式定义，但表现的内容不够丰富，下面介绍比较常用的字典条目的定义方法。

（2）数据字典中的条目及说明格式。数据字典是关于数据流图中各种成分详细定义的信息集合。可将其按照说明对象的类型划分为四类条目，分别是数据流条目、文件条目、数据项条目和加工条目。为了便于软件开发人员方便地查找所需的条目，应按照一定的顺序对字典中的不同条目进行排列。

【例2-2】 例2-1订货系统中部分卡片形式的数据定义，如图2-14所示。

名字：订货报表
别名：订货信息
描述：每天一次需要订货的零件表
定义：订货报表 = 零件编号 + 零件名称 + 订货数量 + 价格 +1｛供货者｝3
位置：输出到打印机

名字：零件编号
别名：
描述：唯一标识一个特定零件的关键组成
定义：零件编号 =8位字符
位置：订货报表 订货信息 库存清单

名字：订货数量
别名：
描述：某个零件一次订货的数目
定义：订货数量 = ［1｜2｜3｜4｜5］
位置：订货报表 订货信息

名字：价格
别名：价格范围
描述：某个零件目前参考价格或者上下限
定义：价格 =1｛零件单价｝2
位置：订货报表 订货信息 库存清单

图2-14 数据字典卡片方式示例

4．加工说明

加工说明是对数据流图中每个加工所做的说明，由输入数据、加工逻辑和输出数据组成。加工逻辑阐明把输入数据转换为输出数据的策略，是加工说明的主体。

特别应注意的是：分析阶段的任务是理解和表达“用户的要求”，而不是具体考虑系统怎样实现的。所以对一个加工应描述的是用户要求这个加工“做什么”，而不是用编程语言来描述具体的加工过程。

加工说明通常用结构化语言（Structured Language）、判定表（Decision Table）或判定树（Decision Tree）作为描述工具。每个加工说明可以像字典中的条目一样记在卡片上。以下将分别对三种描述手段和加工说明卡片进行简单介绍。

（1）结构化语言。结构化语言是介于自然语言和形式化语言之间的一种半形式化语言，简单易懂。

结构通常可分为两层：外层和内层。外层主要描述逻辑的控制结构，如顺序、选择、循环，比较具体，可以借用某种程序设计语言提供的流程控制语句。内层比较灵活，可由分析员根据系统的具体特点以及用户的接受能力灵活决定，一般采用动宾结构的自然语言，主要描述“做什么”。

(2) 判定表。判定表采用表格化的形式，适用于表达含有复杂判断的加工逻辑。条件越复杂，规则越多，越适宜用这种表格化的方式来描述。如果需要，还可在判定表中加上结构化语言，或者在结构化语言写的说明中插进判定表，以充分发挥它们各自的表现特长。

判定表的结构如图 2-15 所示，通常由 4 部分组成，其间用双线条或粗线条分开，左上部用于列出所有相关的条件，右上部用于列出所有可能的条件组合，左下部用于列出所有可能产生的动作，右下部用于列出在各种组合条件下需要进行的动作。

条件列表	条件组合
动作列表	对应的动作

图 2-15　判定表

2.4　结构化分析方法

结构化分析（Structured Analysis，SA）是 20 世纪 70 年代中期由 E. Yourdon 等人倡导的一种面向数据流的分析方法。结构化分析是一个简单实用、使用很广的方法。它适用于分析大型的数据处理系统，特别是企事业管理方面的系统。这个方法通常与设计阶段的结构化设计（SD 方法）衔接起来使用。

结构化分析模型的组成结构如图 2-16 所示。由图可见，模型的核心是 DD，它是系统所涉及的各种数据对象的总和。从 DD 出发可构建 3 种图。

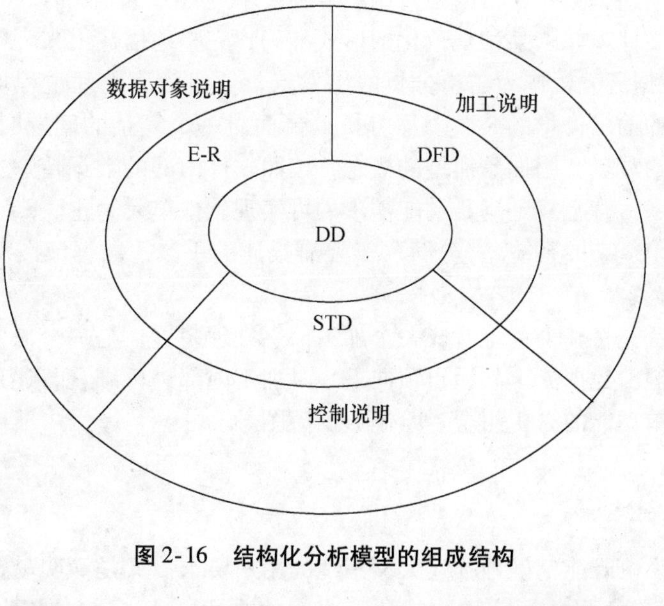

图 2-16　结构化分析模型的组成结构

• E-R（Entity-Relation Diagram，实体-关系图），用于描述数据对象间的关系，它代表软件的数据模型，在 E-R 图中出现的每个数据对象的属性均可用数据对象说明来描述；

• DFD，其主要作用是指明系统中数据是如何流动和变换的，以及描述使数据流进行变换的功能，在DFD图中出现的每个功能的描述则写在加工说明（PSPEC）中，它们一起构成软件的功能模型；

• STD（Status Transfer Diagram，状态-变迁图），用于指明系统在外部事件的作用下将会如何动作，表明了系统的各种状态以及各种状态间的变迁，从而构成行为模型的基础，关于软件控制方面的附加信息则包含在控制说明（CSPEC）中。

早期的结构化分析模型仅包括DD、DFD、PSPEC等3个组成部分，主要用于描述软件的数据模型（用DD）与功能模型（用DFD和PSPEC）。随着社会信息化的迅速发展，许多应用系统包括了较复杂的数据信息。因而在数据建模时，有人将原用于关系数据库设计的E-R图改用于结构化分析，以便描述包含较为复杂数据对象的信息模型。另一方面，随着计算机实时系统应用的不断扩大，人们在分析建模中发现，有些数据加工并非是由数据来触发，而是由实时发生的事件来触发/控制的，无法用传统的DFD来表示。因而在20世纪80年代中期，以Ward和Hatley等为代表的学者又在功能模型之外扩充了行为模型，推荐用CFD（Control Flow Diagram，控制流图）、CSPEC和STD等工具进行描述。如今，结构化分析模型已可同时覆盖信息模型、功能模型和行为模型等3种模型，其适用的软件范围也更加大了。

2.4.1 结构化分析的基本思想

通过调查研究，系统分析员在比较全面地获取用户要求以后，一个重要的任务是对用户需求分析进行描述，其主要目的是对用户各种要求进行分析与综合，排除其中可能存在的不一致性和二义性，并以某种规范化的形式准确、完整地描述出来。

SA方法以数据流分析作为需求分析的出发点，任何信息处理过程均看成是将输入数据变换成所要求的输出信息的装置。而分析人员面对一个复杂的问题时，SA方法是基于问题分解与抽象的观点，用抽象模型的概念，按照软件内部的数据传递关系，采用自顶向下、逐层分解技术，直至找到满足功能需求的可实现软件单元为止。SA方法采用“分解”的方式来理解一个复杂的系统，“分解”需要有描述的手段，数据流图就是作为描述“分解”的手段引进的。

具体做法是首先将整个系统看成一个加工信息处理装置，是一个黑盒子，标识出系统边界和所有输入输出数据流。然后自顶向下，对加工内部进行细化，逐层分解，将复杂功能分解为若干简单功能的有机组合，绘制数据流图。

2.4.2 描述方式

由于目前还没有既能精确地描述大型系统的用户要求，又是简明易懂的形式语言，因此SA方法采用了介于形式语言和自然语言之间的描述方式。它虽然不如形式语言精确，但是简明易懂，所表达的意义也比较明确：

• 用一套分层的数据流图；

- 一本数据字典；
- 一组加工说明；
- 补充材料。

这套文档中，“数据流图”描述系统的分解，即描述系统由哪些部分组成、各部分之间有什么联系等；“数据字典”描述系统中的每一个数据；“加工说明”则详细描述系统中的每一个加工。上述资料再加上视系统而定的各种补充材料可明确而完整地描述一个系统的功能。

SA 方法在描述方式上的特点是尽量采用图形表示，因为图形比较形象、直观和易于理解，一张图的表达效果可能比几千字的叙述还要好。

2.4.3　结构化分析步骤

1. 由顶向下逐层分解

软件工程技术中，控制复杂性的两个基本手段是分解和抽象。对于一个复杂的问题，由于人的理解力、记忆力均有限，所以不可能触及问题的所有方面以及全部的细节。为了将复杂性降低到人可以掌握的程度，可以把大问题分成若干个小问题，然后分别解决，这就是“分解”；分解也可以分层进行，即先考虑问题最本质的属性，暂把细节略去，以后再逐层添加细节，直至涉及最详细的内容。

对于一个复杂的系统，如何理解和表达它的功能呢？SA 方法使用了“自顶向下逐层分解”的方式，图 2-17 中系统 X 很复杂，为了理解它，可以将它分解成 1、2、3、4 几个子系统；如果子系统 1 和 2 仍然很复杂，可以将它们再分解成 1.1、1.2 等，并为每个细节写下加工说明，再将所有这些“加工说明”组织起来，就获得了整个系统 X 的系统说明书。

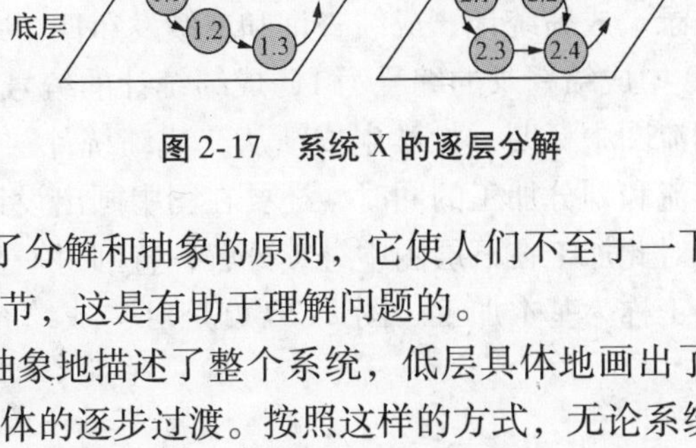

图 2-17　系统 X 的逐层分解

“逐层分解”体现了分解和抽象的原则，它使人们不至于一下子陷入细节，而是有控制地逐步地了解更多细节，这是有助于理解问题的。

图 2-17 中的顶层抽象地描述了整个系统，低层具体地画出了系统的每一个细节，而中间层则是从抽象到具体的逐步过渡。按照这样的方式，无论系统多么复杂，分析工作都

可以有计划、有步骤地进行，系统规模再大，分析工作的复杂程度不会随之增大，而只是多分解几层而已，所以 SA 方法有效地控制了复杂性。

2. 由外向内画数据流图

最初的数据流图应是描述当前的实际情况，即当前存在的人工数据处理情况，为此分析员应将他在一个企业组织中看到、听到的事实如实画出来。用户目前使用的单据、表格、卡片、清单等资料就是“数据流”或“文件”。用户目前在做的工作就是“加工”，它们的名字就是用户习惯使用的名字。总之，在刚开始时只是将现实情况反映出来，而不是急于去想象未来的计算机系统是怎样的。

在画数据流图时，首先应画出系统的输入数据流和输出数据流，也就是先决定系统的范围，然后再考虑系统的内部，同样，对每一个加工来说也是先画出它们的输入、输出，再考虑这个加工的内部。

（1）建立顶层数据流图。最初，我们把系统视为一个整体，顶层流图只包含一个加工，用以标识被开发的系统，看这个整体与外界的联系，分析有哪些内容是要通过外界获取的，就是系统的输入；有哪些是要向外界提供服务的，就是系统的输出，画系统的输入/输出数据；数据的源点和终点对应着外部实体，表明系统输入数据的来源和输出数据的去向。学籍档案管理系统的顶层数据流图如图 2-18 所示。

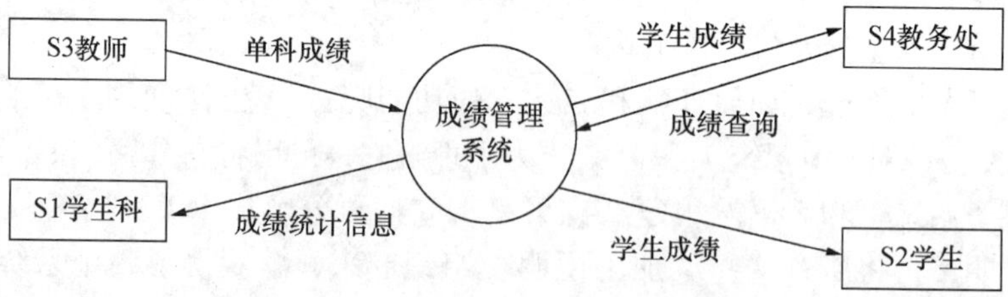

图 2-18　成绩管理系统的顶层数据流图

学籍档案管理系统的顶层数据流图描述了学籍档案管理系统与外界的简单关系。

（2）数据流图的分层细化。数据流图主要是用于描述系统内部的处理过程。有些内部处理过程比较简单，有些则相当复杂，为了能够清楚表明系统加工的详细过程，需要对系统加工的功能细化，即对顶层数据流图进行分解。

按照系统的功能，对顶层数据流图进行分解，生成第一层数据流图。如例子中的成绩管理系统可划分为成绩登录、成绩统计、成绩查询和成绩发布四个加工。对划分得到的加工应进行编号。如图 2-19 中成绩登录的编号为 1，成绩统计的编号为 2，依此类推，加工之间的数据流也应在数据流图中标明，如学生成绩从“成绩统计”加工流向“成绩发布”加工。此外，在标出数据流和划分加工的同时，还要在图中画出设计的数据存储。如果加工的内部还有数据流，则对此加工在下层图中继续分解，直到每一个加工足够简单，不能分解为止。不再分解的加工称为基本加工。图 2-20 就是对“成绩查询”加工进行分解得到的第二层数据流图。

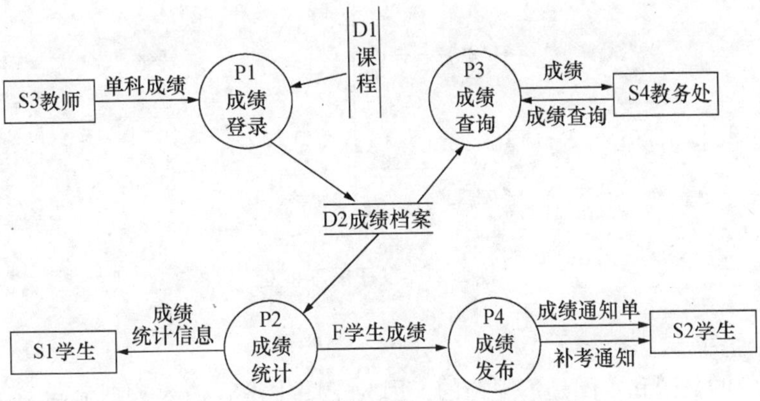

图 2-19　成绩管理系统第一层数据流图

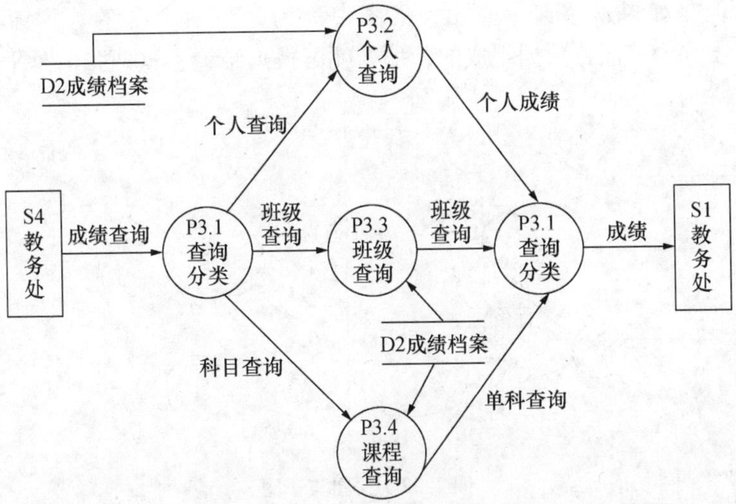

图 2-20　第二层成绩查询数据流图

3. 建立数据流图的原则

在软件的系统分析之前，要制定一个系统的标准，其内容之一就是画数据流图的规范。画数据流图时要注意以下几点：

(1) 注意父图与子图的平衡。对数据流图中每个加工进行细化生成的下层数据流图，称为其上层图的子图，子图的输入、输出数据流同父图对应加工的输入、输出数据流必须一致，即父图与子图的平衡。以图 2-21 为例，图中联系到外部项的数据共有六个，即两个输入数据流——单科成绩和成绩查询，四个输出数据流——成绩、成绩统计信息、成绩通知单和补考通知，这和图 2-19 只差一个输出数据流——补考通知，为什么？

这看起来并不平衡，因为补考通知是一个枝节性的数据流，通常这类信息可以推迟到低层考虑，在上层可不必画出，所以，这两张图仍然是平衡的。除了类似这样的例外情况（包括：出错处理信息也需要在低层添加进去）外，如果发现了父图和子图的数据不平衡，

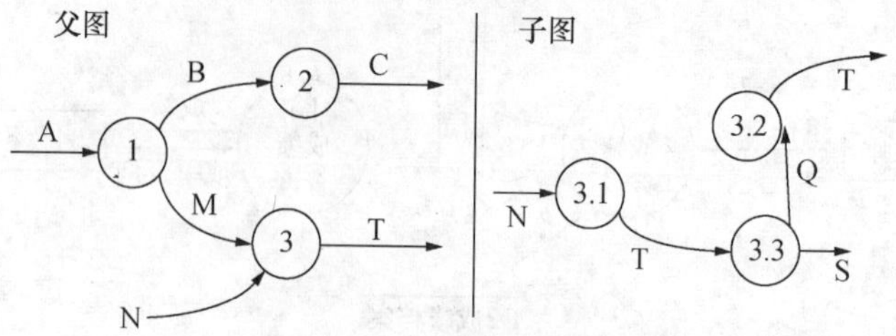

图 2-21 父子图不平衡

都应检查在分解中有无出错。

图 2-21 中的父图和子图是不平衡的，因为子图中没有输入数据流与父图中加工 3 的输入流 M 相对应。另外，子图的输出数据流 S 在父图中也没有出现。

图 2-22 中的父图和子图平衡吗？从图上看，子图与父图中相应加工并不具有相同的输入和输出，但是如果从字典中查出：父图中称为“订货单”的数据流是由“客户”、“账号”和“数量”三部分数据组成的，那么就可得出结论：这两张图是平衡的。

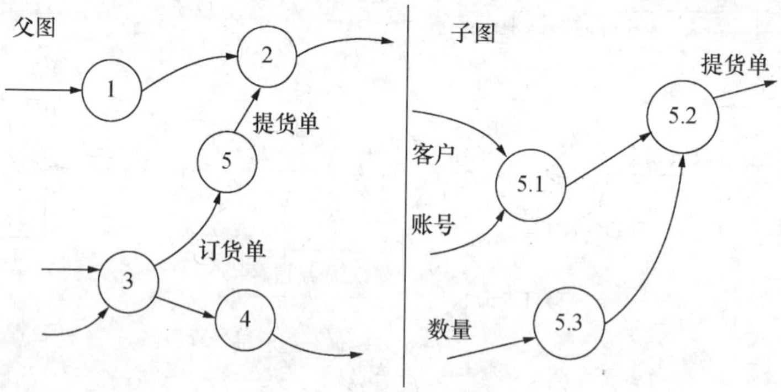

图 2-22 父图与子图

如果子图的输入输出数据流比父图中相应加工的输入输出表达得更详细，实际上就是对“加工”和“数据”同时进行分解，由顶向下同时对加工和数据流做逐层分解是很自然的方式，所以是经常使用的，在这种情况下，检查“平衡”就必须借助字典来进行。

父图和子图必须平衡，这是分层数据流图的重要性质，平衡的分层图是可读、可理解的；反之，如果父图和子图不平衡，这套数据流图就无法理解。

（2）局部文件。图 2-19 和图 2-20 所示的两张数据流图是平衡的，但是子图中的课程和成绩档案为什么在父图中没有画出呢？这是因为这两个文件是完全局部于图 2-18 所示的加工之间的文件，它并不是父图中各个加工之间的交界面，根据“抽象”原则，在画父图时，只需画出加工和加工之间的联系，而不必画出各个加工内部的细节，所以在父图中不必画出课程和成绩档案这两个文件，这样做的两个好处是：减少图形的复杂度和保持了画面整洁。

（3）数据流的分解速度应保持适中。通常一个加工每次可分解为 2 ～4 个子加工，最多不要超过 7 个，因为过快的分解会增加用户对系统模型的理解难度。

（4）命名。数据流图中各构成元素的名称必须具有明确的含义且能够代表对应元素的内容或功能。命名时不能使用抽象含义的名字，如“数据”、“信息”等。加工名的命名也要反映其处理的功能，不能使用“处理”、“操作”等这些笼统的词。

（5）每个加工至少应有一个输入数据流和一个输出数据流，反映出此加工数据的来源与加工结果。

（6）加工编号。在数据流图中，应按照层次给每个加工编号，用于表明该加工所处的层次及上、下层的父图与子图的关系。编号的规则为：顶层加工不用编号；第二层加工的编号为 1，2，…，n；第三层加工的编号为 1.1，1.2，…，2.1，2.2，…，n.1，n.2，…，依此类推，如编号为 1.2 表明该加工处于第三层数据流图中，序号为 2，该图是对上层数据流图中编号为 1 的加工进行细化得到的子图。

可从以下几个角度来检查数据流图的正确性：

- 数据守恒；
- 文件的使用；
- 父图和子图的平衡。

4. 数据字典描述

（1）数据流条目。如下所示。

数据流名：成绩	编号：
来源：教务管理人员	去处：学生
数据流结构：考试编号 + 学号 + 姓名 + 班号 + 课程名称 + 分数	
简要说明：	

数据流名：学生成绩	编号：
来源：教务管理人员	去处：学生
数据流结构：学号 + 姓名 + {课程名称 + 分数} + 总分 + 平均分	
简要说明：	

数据流名：成绩统计信息	编号：
来源：教务管理人员	去处：学生科
数据流结构：班号 + {成绩等级 + 人数 + 占百分比}	
简要说明：向学生科输出统计数据	

（2）数据文件。与数据流条目一样，对存储数据的定义使用数据文件条目。数据文件条目主要内容有：数据文件名称、主键编号、辅键、存储组织、记录组成、简要说明等，如下所示。

条目名	课程
别名	
编号	D1
存储组织	
记录数	
数据量	
主键编号	课程号
辅键	
记录组成	课程号+课程名+专业代号+学分+学时
长度（字节）	8 20 4 2 3
简要说明	
修改记录	

条目名	成绩档案
别名	
编号	D2
存储组织	二维表
记录数	约 60 000
数据量	1.8MB
主键编号	学号+课程代号
辅键	
记录组成	学号+课程代码+课程名称+成绩+补考成绩+学分
长度（字节）	10 8 10 4 4 2
简要说明	存储所有在校生的成绩
修改记录	

（3）数据项条目。数据项是数据的基本单位。通常，一个数据流或数据文件由若干个数据项组成。数据字典的数据条目中应包含的主要内容有：数据项名称、数据项别名、类型、长度、属于数据流、取值范围及含义等，如下所示。

条目名		成绩
别名		
属于数据流		
存储处		D2 成绩档案
数据元素类型	类型	字符型
	长度	4
	取值范围及含义	“0”～“100”或“优秀”、“良好”、“中等”、“及格”和“不及格”
简要说明		记录学生所学课程的状况和等级

条目名		学号
别名		
属于数据流		
存储处		D2 成绩档案
数据元素类型	类型	整数
	长度	10
	取值范围及含义	班号（8 位）+流水号（2 位）
简要说明		

条目名		班号
别名		
属于数据流		
存储处		
数据元素类型	类型	整数
	长度	8
	取值范围及含义	入学年份（4 位）+专业代码（3 位）+流水号（1 位）
简要说明		

字典一般可用一叠卡片来构造，如果用户的要求有变化，则字典就要做相应的修改。因为字典的容量一般比较庞大，人工维护一本字典很花时间，也很单调乏味，可以用计算机代替人来完成这项机械而又烦琐的工作，负责这种工作的程序系统称为“字典管理程序”，或简称为“字典”。

5. 加工说明

【例 2-3】 用结构化语言描述图 2-19 所示成绩管理系统数据流图中的“成绩登录”加工。

```
接收单科成绩
从课程(D1)查出课程的学分
IF 普通考试成绩
  DO WHILE 对于成绩单中每个学生
    IF 学生成绩大于合格成绩
      记录学生的成绩,学分
    ELSE
      记录学生的成绩,学分为 0
    ENDIF
  ENDDO
```

```
ELSE
  DO WHILE 对于成绩单中每个学生
    IF 学生的补考成绩大于合格成绩
      记录学生的补考成绩,学分
    ELSE
      记录学生的补考成绩,学分为 0
  ENDDO
ENDIF
```

【例 2-4】 用结构化语言描述图 2-19 所示成绩管理系统数据流图中的“成绩统计”加工。

```
接收成绩档案(D2)的数据
DO WHILE 对于每个学生
  计算该生本学年所学课程的总分、平均分
ENDDO
以班级为基准,按总分从高到低排名次
IF 向"成绩发布"加工传数据
  按名次顺序将学生各课程成绩、总分、平均分输出
ELSE 统计各成绩等级人数,计算各成绩等级人数所占总人数的百分比
  //判断获得奖学金的学生
、IF 所有考试考查课成绩均 90 分以上或"优秀"
    获得一等奖
  ELSE IF 考试考查课成绩均 85 分或"良好"以上
    获得二等奖
  ELSE IF 考试考查课成绩均 75 分或"中等"以上
    获得三等奖
  ENDIF
  向学生科输出统计数据
ENDIF
```

获得奖学金学生的判断逻辑：如果所有考试考查课成绩均 90 分以上或“优秀”，则可以获得一等奖；如果考试考查课成绩均 85 分或“良好”以上，则可以获得二等奖；如果考试考查课成绩均 75 分或“中等”以上，则可以获得三等奖。

下面以描述成绩管理系统的“成绩统计”加工中获得奖学金学生的判断逻辑为例，说明判定表的写法，如图 2-23 所示。

成绩	所有考试考查课均 90 分以上或“优秀”	考试考查课均在 85 分或“良好”以上	考试考查课均在 75 分或“中等”以上
置奖学金	一等奖	二等奖	三等奖

图 2-23 判定表

2.5 面向对象分析方法

2.5.1 面向对象分析的基本思想

面向对象方法学是模拟人类思维方式，使开发软件过程与方法接近人类认识问题和解决问题的过程，有助于使问题描述空间与实现方法的解空间达到一致。问题空间都是由客观世界的实体和实体之间的联系构成。如学校的组成通常由教师和学生这两个基本实体构成，同时教师与学生存在着必然的联系。在软件开发过程中，面向对象方法学采用“对象”的概念，可以根据客观问题定义或选取空间对象，通过软件系统形成问题的解空间，达到问题空间与解空间的一致。

2.5.2 面向对象的基本概念

面向对象的软件技术以对象（Object）为核心，是对现实世界实体的正确抽象，把对象作为由数据及可以施加在数据上的操作所构成的整体，对象之间通过传递消息互相联系，以模拟现实世界中不同事物彼此之间的联系。下面给出几个常用的概念。

1. 对象

对象是人们要进行研究的任何事物，从最简单的整数到复杂的飞机等均可看做对象，它不仅能表示具体的事物，还能表示抽象的规则、计划或事件。因此，在应用领域中有意义的、与所要解决的问题有关系的任何事物都可以作为对象，包括任何的实体、概念、事物等有意义的东西，如学生、教师、课程、学校、办公室、注册课程、政策、法规等均可作为对象。在软件系统中设立对象用来反映系统保存对象及其相关信息。

2. 对象的状态和行为

对象具有状态，一个对象用数据值来描述它的状态。

对象还有操作，用于改变对象的状态，对象及其操作就是对象的行为。

对象实现了数据和操作的结合，使数据和操作封装于对象这个统一体中。

3. 类

具有相同或相似性质的对象的抽象就是类。因此，对象的抽象是类，类的具体化就是对象，也可以说类的实例是对象。

类具有属性，它是对象的状态的抽象，用数据结构来描述类的属性。

类具有操作，它是对象的行为的抽象，用操作名和实现该操作的方法来描述。

4. 类的结构

在客观世界中有若干类，这些类之间有一定的结构关系。通常有两种主要的结构关系，即一般-具体结构关系和整体-部分结构关系。

（1）一般-具体结构称为分类结构，也可以说是“或”关系，或者是“is a”关系。

（2）整体-部分结构称为组装结构，它们之间的关系是一种“与”关系，或者是“has a”关系。

5. 消息和方法

对象之间进行通信的结构叫做消息。在对象的操作中，当一个消息发送给某个对象时，消息包含接收对象去执行某种操作的信息。发送一条消息至少要包括说明接收消息的对象名、发送给该对象的消息名（即对象名、方法名）。一般还要对参数加以说明，参数可以是认识该消息的对象所知道的变量名，或者是所有对象都知道的全局变量名。类中操作的实现过程叫做方法，一个方法有方法名、参数、方法体。

具体的对象类和对象实例如图2-24所示。这个雇员的对象类定义了有关公司所需要的雇员的基本信息，包括他们的姓名、性别、年龄等信息，同时列出与该对象类相关的一些操作，如可以对雇员进行基本信息的录入、修改、查找等基本操作。

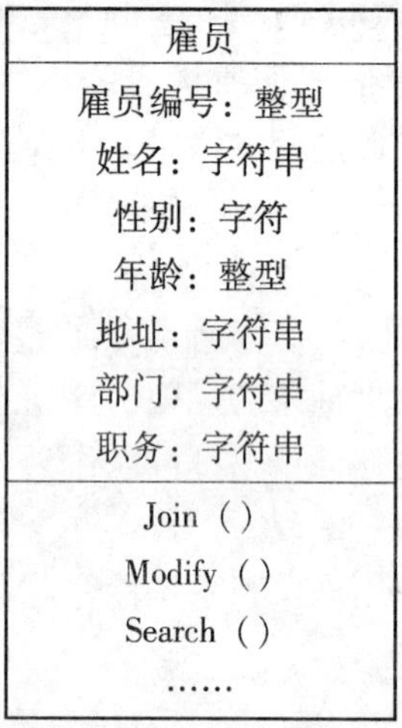

图2-24 雇员对象类/对象的表示

2.5.3 面向对象分析步骤

面向对象的分析是建立问题域的对象模型，该模型描述了问题域的“类与对象”以及它们之间的关系。典型的工作步骤是：确定类和对象；确定关联；划分主题；确定属性；识别继承关系。

1. 确定类和对象

通过分析找出系统应该具有的类与对象。首先，找出候选类与对象。对象是对问题域中有意义的事物的抽象。一般分为：

（1）可感知的客观实体，如书本、手机；

（2）人或组织机构，如学生、教师、学校、公司等；

（3）需要记录下来的事件，如登录、成绩；

（4）不同对象之间的作用关系，如选课、退课；

（5）需要说明的概念，如政策、法规等。

根据这五类的基本要求，找出当前问题域中存在的候选类与对象。

以一个自动化图书馆目录系统为例，这个系统包含图书馆中所有图书信息，要求该系统能够让图书管理员、借阅者和读者都可以使用，同时系统支持目录浏览、查询，允许用户发送消息给图书管理员预订在借图书。根据以上描述，客观实体本身有：图书馆、图书，管理员、借阅者、读者、用户，目录浏览、查询、预订，消息、在借图书、目录等，均可作为系统的对象或类。

进一步对上述所选对象进行筛选，去掉不正确的或不必要的，仅仅保留确实应该记录其信息或需要其提供服务的那些对象。如去掉冗余，用户与借阅者或读者有相同的含义，可以保留其中之一。

2. 确定关联

多个对象之间的相互依赖、相互作用的关系形成了关联。在需求陈述中使用的描述性动词或动词词组，通常表示了关联关系。大多数的关联可以直接从需求陈述中的动词词组中获得，同时发现一些在陈述中隐含的关联，在进一步的深入探求中，可以获得领域实体之间的必然联系。如上文描述的图书馆目录系统中，直接的动词有浏览、查询、预订、发送消息等，形成的对象关系有图书管理员、借阅者、读者，他们可以浏览、预订、查询、发送消息给图书目录系统等。隐含的关系有图书管理员、借阅者、读者获得图书目录信息。同时在图书馆信息系统中必然包含图书数量、缺书登记、新书公告等相关说明。如果考虑相关的说明，或隐含的必然的管理内容，要筛选和删除无关的对象之间的关系。

3. 划分主题

一般来说软件系统的开发为降低系统的复杂程度，通常把系统再进一步划分成几个不同的主题，也就是按照问题域的特点把系统分解为几个子系统，保证不同主题内的对象相互之间的依赖和交互尽可能得少。根据自动化图书馆目录系统的描述，可以按照对象的类别进行划分，如可以按管理者与使用者划分，也可以按目录类与消息类划分。

4. 确定属性

属性是对象的性质，可以在需求描述中寻找与某一对象相关的性质，但往往需求描述中所给出的不够详细，或者对象本身所具有的内在性质，都可以成为对象属性，因此，在分析对象属性时，可以借助领域知识和常识进行分析，获得对象的属性。属性的确定直接与问题域和目标系统的任务有关，应该仅仅考虑与具体任务直接相关的属性。如学生类中某名学生张三为对象，该对象可能根据实际任务的要求，确定学号、姓名、年龄、成绩等为其属性。

5. 识别继承关系

确定类中应有的属性，继而利用继承关系共享公共性质，实现知识抽取的过程。可以根据实际的领域知识，归纳客观世界的分类模式。

2.5.4 面向对象分析实例

银行网络系统问题陈述：设计支持银行网络的软件，银行网络包括人工出纳站和分行共享的自动出纳机。每个分理处用分理处计算机来保存各自的账户，处理各自的事务；各分理处的出纳站与分理处计算机通信，出纳站录入账户和事务数据；自动出纳机与分行计算机通信，分行计算机与拨款分理处结账，自动出纳机与用户接口接受现金卡，与分行计算机通信完成事务，发放现金，打印收据；系统需要记录保管和安全措施；系统必须正确处理同一账户的并发访问；每个分理处为自己的计算机准备软件，银行网络费用根据顾客和现金卡的数目分摊给各分理处。

建立对象模型：首先标识和关联，因为它们影响了整体结构和解决问题的方法；其次是增加属性，进一步描述类和关联的基本网络，使用继承合并和组织类；最后将操作增加到类中去作为构造动态模型和功能模型的副产品。

1. 确定类

构造对象模型的第一步是标出来自问题域的相关的对象类，对象包括物理实体和概念。所有类在应用中都必须有意义，在问题陈述中，并非所有类都是明显给出的。有些是隐含在问题域或一般知识中的。

查找问题陈述中的所有名词，产生如下的暂定类：软件、银行网络、出纳员、自动出纳机、分行、分理处、分理处计算机、账户、事务、出纳站、事务数据、分行计算机、现金卡、用户、现金、收据、系统、顾客、费用、账户数据、访问、安全措施、记录保管。

根据下列标准，去掉不必要的类和不正确的类。

（1）冗余类：若两个类表述了同一个信息，保留最富有描述能力的类。如“用户”和“顾客”就是重复的描述，因为“顾客”最富有描述性，所以保留它。

（2）不相干的类：除掉与问题没有关系或根本无关的类。例如，摊派费用超出了银行网络的范围。

（3）模糊类：类必须是确定的，有些暂定类边界定义模糊或范围太广，如“记录保管”就是模糊类，它是“事务”中的一部分。

（4）属性：某些名词描述的是其他对象的属性，则从暂定类中删除。如果某一性质的独立性很重要，就应该把它归属到类，而不把它作为属性。

（5）操作：如果问题陈述中的名词有动作含义，则描述的操作就不是类。但是具有自身性质而且需要独立存在的操作应该描述成类。如只构造电话模型，“拨号”就是动态模型的一部分而不是类；但在电话拨号系统中，“拨号”是一个重要的类，有日期、时间、受话地点等属性。

在银行网络系统中，模糊类有“系统”、“安全措施”、“记录保管”、“银行网络”

等。属于属性的有："账户数据"、"收据"、"现金"、"事务数据"；属于实现的有："访问"、"软件" 等，这些均应除去。

2. 确定关联

两个或多个类之间的相互依赖就是关联。一种依赖表示一种关联，可用各种方式来实现关联，但在分析模型中不用考虑，以便设计时更为灵活。关联常用描述性动词或动词词组来表示，其中有物理位置的表示、传导的动作、通信、所有者关系、条件的满足等。从问题陈述中抽取所有可能的关联表述，把它们记下来，但不要过早去细化这些表述。

下面是银行网络系统中所有可能的关联，大多数是直接抽取问题中的动词词组而得到的。在陈述中，有些动词词组表述的关联是不明显的。最后，还有一些关联与客观世界或人的假设有关，必须同用户一起核实这种关联，因为这种关联在问题陈述中找不到。

银行网络问题陈述中的关联：

- 银行网络包括出纳站和自动出纳机；
- 分行共享自动出纳机；
- 分理处提供分理处计算机；
- 分理处计算机保存账户；
- 分理处计算机处理账户支付事务；
- 分理处拥有出纳站；
- 出纳站与分理处计算机通信；
- 出纳员为账户录入事务；
- 自动出纳机接受现金卡；
- 自动出纳机与用户接口；
- 自动出纳机发放现金；
- 自动出纳机打印收据；
- 系统处理并发访问；
- 分理处提供软件；
- 费用分摊给分理处。

隐含的动词词组：

- 分行由分理处组成；
- 分理处拥有账户；
- 分行拥有分行计算机；
- 系统提供记录保管；
- 系统提供安全；
- 顾客有现金卡。

基于问题域知识的关联：

- 分理处雇佣出纳员；
- 现金卡访问账户。

使用下列标准去掉不必要和不正确的关联：

（1）相关的关联：若某个类已被删除，那么与它有关的关联也必须删除或者用其他类来重新表述。在此例中，我们删除了“银行网络”，相关的关联也要删除。

（2）不相干的关联或实现阶段的关联：删除所有问题域之外的关联或涉及实现结构中的关联。如“系统处理并发访问”就是一种实现的概念。

（3）动作：关联应该描述应用域的结构性质而不是瞬时事件，因此应删除“自动出纳机接受现金卡”，“自动出纳机与用户接口”等。

（4）派生关联：省略那些可以用其他关联来定义的关联。因为这种关联是冗余的，其中含有关联。

3. 划分主题

可以将银行按地理位置划分，也可以按不同的处理级别划分，如总行、分理处、ATM进行划分。

4. 确定属性

属性是个体对象的性质，属性通常用修饰性的名词词组来表示，形容词常常表示具体的可枚举的属性值，属性不可能在问题陈述中完全表述出来，必须借助于应用域的知识及对客观世界的知识才可以找到它们。只考虑与具体应用直接相关的属性，不要考虑那些超出问题范围的属性。首先找出重要属性，避免那些只用于实现的属性，要为各个属性取有意义的名字。按下列标准删除不必要的和不正确的属性。

（1）对象：若实体的独立存在比它的值重要，那么这个实体不是属性而是对象。如在邮政目录中，“城市”是一个属性，然而在人口普查中，“城市”则被看做是对象。在具体应用中，具有自身性质的实体一定是对象。

（2）限定词：若属性值取决于某种具体上下文，则可考虑把该属性重新表述为一个限定词。

（3）名称：名称常常作为限定词而不是对象的属性，当名称不依赖于上下文关系时，名称即为一个对象属性，尤其是它不唯一时。

（4）标识符：在考虑对象模糊性时，引入对象标识符表示，在对象模型中不列出这些对象标识符，它是隐含在对象模型中，只列出存在于应用域的属性。

（5）内部值：若属性描述了对外不透明的对象的内部状态，则应从对象模型中删除该属性。

（6）细化：忽略那些不可能对大多数操作有影响的属性。

5. 使用继承来细化类

使用继承来共享公共机构，以此来组织类，可以用两种方式来进行。

（1）自底向上通过把现有类的共同性质一般化为父类，寻找具有相似的属性、关系或操作的类来发现继承。例如“远程事务”和“出纳事务”是类似的，可以一般化为“事务”。有些一般化结构常常是基于客观世界边界的现有分类，只要可能，就尽量使用现有概念。对称性常有助于发现某些丢失的类。

（2）自顶向下将现有的类细化为更具体的子类。具体化常常可以从应用域中明显看出来。应用域中各枚举字情况是最常见的具体化的来源。例如：菜单，可以有固定菜单、顶部菜单、弹出菜单、下拉菜单等，这就可以把菜单类细化为各种具体菜单的子类。当同一关联名出现多次且意义也相同时，应尽量具体化为相关联的类，例如，“事务”从“出纳站”和“自动出纳机”进入，则“录入站”就是“出纳站”和“自动出纳站”的一般化。在类层次中，可以为具体的类分配属性和关联。各属性和关联都应分配给最一般的适合的类，有时也加上一些修正。

6. 完善对象模型

对象建模不可能一次就能保证模型是完全正确的，软件开发的整个过程就是一个不断完善的过程。模型的不同组成部分多半是在不同的阶段完成的，如果发现模型的缺陷，就必须返回到前期阶段去修改，有些细化工作是在动态模型和功能模型完成之后才开始进行的。

（1）几种可能丢失对象的情况及解决办法。

① 同一类中存在毫无关系的属性和操作，则分解这个类，使各部分相互关联。

② 一般化体系不清楚，则可能分离扮演两种角色的类。

③ 存在无目标类的操作，则找出并加上失去目标的类。

④ 存在名称及目的相同的冗余关联，则通过一般化创建丢失的父类，把关联组织在一起。

（2）查找多余的类。类中缺少属性、操作和关联，则可删除这个类。

（3）查找丢失的关联。丢失了操作的访问路径，则加入新的关联以回答查询。

（4）视网络系统的具体情况做如下的修改。

① 现金卡有多个独立的特性。把它分解为两个对象：卡片权限和现金卡。

卡片权限：它是银行用来鉴别用户访问权限的卡片，表示一个或多个用户账户的访问权限；各个卡片权限对象中可能具有好几个现金卡，每张都带有安全码和卡片码，它们附在现金卡上，表现银行的卡片权限。

现金卡：它是自动出纳机得到表示码的数据卡片，它也是银行代码和现金卡代码的数据载体。

②“事务”不能体现对账户之间的传输描述的一般性，因它只涉及一个账户，一般来说，在每个账户中，一个“事务”包括一个或多个“更新”，一个“更新”是对账户的一个动作，它们是取款、存款、查询之一。一个“更新”中所有“更新”应该是一个原子操作。

③“分理处”和“分理处计算机”之间，“分行”和“分行计算机”之间的区别似乎并不影响分析，计算机的通信处理实际上是实现的概念，将“分理处计算机”并入到“分理处”，将“分行计算机”并入到“分行”。

2.6 软件需求分析的文档

软件过程模型是软件开发人员经过多年的探索形成的软件开发步骤和方法，针对应用特点，对开发过程归纳为开发过程框架。

2.6.1 软件需求说明的特征

1. 完整性

不能遗漏任何必要的需求信息。遗漏需求将很难查出。注重用户的任务而不是系统的功能将有助于避免不完整性。如果知道缺少某项信息，用 TBD（“待确定”）作为标识来标明这项缺漏。在开始开发之前，必须解决需求中所有的 TBD 项。

2. 一致性

一致性是指与其他软件需求或高层（系统、业务）需求不矛盾。在开发前必须解决所有需求间的不一致部分。只有进行一番调查研究，才能知道某一项需求是否确实正确。

3. 可修改性

在必要时或维护每一需求变更历史记录时，应该修订 SRS。这就要求每项需求要独立标出，并与别的需求区别开来，从而无二义性。每项需求只应在 SRS 中出现一次。这样更改时易于保持一致性。另外，使用目录表、索引和相互参照列表方法，将使软件需求规格说明更容易修改。

4. 可跟踪性

应能在每项软件需求与它的根源和设计元素、源代码、测试用例之间建立起链接，这种可跟踪性要求每项需求以一种结构化的、粒度好（Fine-Grained）的方式编写并单独标明，而不是大段大段的叙述。

2.6.2 软件需求说明书的编写原则

编写优秀的需求文档没有现成固定的方法，最好是根据经验进行。从过去所遇到的问题中可受益匪浅。许多需求文档可以通过使用有效的技术编写风格和使用用户术语而不是计算机专业术语的方式得以改进（Kovitz，1999）。在编写软件需求文档时，应牢记以下几点建议。

（1）保持语句和段落的简短。

（2）采用主动语态的表达方式。

（3）编写具有正确的语法、拼写和标点的完整句子。

（4）使用的术语与词汇表中所定义的应该一致。

（5）需求陈述应该具有一致的样式，例如“系统必须……”或者“用户必须……”，并紧跟一个行为动作和可观察的结果。再如，“仓库管理子系统必须显示一张所请求的仓库中有存货的化学药品容器清单。”

（6）为了减少不确定性，必须避免模糊的、主观的术语，例如，用户友好、容易、简单、迅速、有效、支持、许多、最新技术、优越的、可接受的和健壮的。当用户说“用户友好”或者“快”或者“健壮”时，应该明确它们的真正含义并且在需求中阐明用户的意图。

（7）避免使用比较性的词汇，例如：提高、最大化、最小化和最佳化。定量地说明所需要提高的程度或者说清一些参数可接受的最大值和最小值。当客户说明系统应该“处理”、“支持”或“管理”某些事情时，应该能理解客户的意图。含糊的语句表达将引起需求的不可验证。由于需求的编写是层次化的，因此，可以把顶层不明确的需求向低层详细分解，直到消除不明确性为止。编写详细的需求文档，所带来的益处是如果需求得到满足，那么客户的目的也就达到了，但是不要让过于详细的需求影响了设计。如果能用不同的方法来满足需求且这种方法都是可接受的，那么需求的详细程度也就足够了。如果评审软件需求规格说明的设计人员对客户的意图还不甚了解，就需要增加额外的说明，以减少由于误解而产生返工的风险。

需求文档的编写人员总是力求寻找到恰如其分的需求详细程度。一个有益的原则就是编写单个的可测试需求文档。如果能想出一些相关的测试用例来验证这个需求能够正确地实现，就达到了合理的详细程度。如果预想的测试很多并且很分散，那么可能就要将一些集合在一起的需求分离开。建议将可测试的需求作为衡量软件产品规模大小的尺度（Wilson，1995）。文档的编写人员必须以相同的详细程度编写每个需求文档。在同一份软件需求规格说明中，切忌对需求的说明五花八门。例如，“组合键 Control + S 代表保存文件”和“组合键 Control + P 代表打印文件”被当成两个独立的需求。“产品必须响应以语音方式输入的编辑指令”则被作为一个子系统，而不是作为一个简单的功能需求。文档的编写人员不应该把多个需求集中在一个冗长的叙述段落中。在需求中诸如“和”、“或”之类的连词就表明了该部分集中了多个需求。务必记住，不要在需求说明中使用“和/或”、“等等”之类的连词。文档的编写人员在编写软件需求规格说明时不应该出现需求冗余。虽然在不同的地方出现相同的需求可能会使文档更易读，但这也造成了维护上的困难。需求的多个实例都需要同时更新，以免造成需求各实例之间的不一致。在软件需求规格说明中交叉引用相关的各项，在进行更改时有助于保持它们之间的同步。让独立性强的需求在需求管理工具或数据库中只出现一次，这样可以缓和冗余问题。

2.6.3　软件需求规格说明书的模板

每个软件开发组织都应该在它们的项目中采用一种标准的软件需求规格说明的模板。有许多推荐的软件需求规格说明模板可以使用（Davis，1993；Robertson and Robertson，1999）。Dorfman 和 Thayer（1990）从美国国家标准局、美国国防部、美国宇航局以及英国和加拿大的有关部门中收集了 20 多个需求标准和许多实例。许多人使用来自 IEEE 标准的模板，这是一个结构好并适用于许多种软件项目的灵活的模板。图 2-25 描绘软件需求规格说明的模板。可以根据项目的需要来修改这个模板。如果模板中某一特定部分不适合你的项目，就在原处保留标题，并注明该项不适用。这将防止读者认为是否不小心遗漏了一些重要的部分。与其他任何软件项目文档一样，该模板包括一个内容列表和一个修正的历史记录，该记录包括对软件需求规格说明所做的修改、修改日期、修改人员和修改原因。

a. 引言 a. 1 目的 a. 2 文档约定 a. 3 预期的读者和阅读建议 a. 4 产品的范围 a. 5 参考文献 b. 综合描述 b. 1 产品的前景 b. 2 产品的功能 b. 3 用户类和特征 b. 4 运行环境 b. 5 设计和实现上的限制 b. 6 假设和依赖 c. 外部接口需求 c. 1 用户界面 c. 2 硬件接口 c. 3 软件接口 c. 4 通信接口	d. 系统特性 d. 1 说明和优先级 d. 2 激励/响应序列 d. 3 功能需求 e. 其他非功能需求 e. 1 性能需求 e. 2 安全设施需求 e. 3 安全性需求 e. 4 软件质量属性 e. 5 业务规则 e. 6 用户文档 f. 其他需求 附录 A：词汇表 附录 B：分析模型 附录 C：待确定问题的列表

图 2-25 软件需求规格说明书模板

a. 引言

引言提出了对软件需求规格说明的纵览，这有助于读者了解文档如何编写并且如何阅读和理解。

a. 1 目的

对产品进行定义，在该文档中详尽说明了这个产品的软件需求，包括修正或发行版本号。如果这个软件需求规格说明只与整个系统的一部分有关系，那么只定义文档中说明的部分或子系统。

a. 2 文档约定

描述编写文档时所采用的标准或排版约定，包括正文风格、提示区或重要符号。例如，说明了高层需求的优先级是否可以被其所有细化的需求所继承，或者每个需求陈述是否都有其自身的优先级。

a. 3 预期的读者和阅读建议

该标题列举了软件需求规格说明所针对的不同读者，例如开发人员、项目经理、营销人员、用户、测试人员或文档的编写人员，描述了文档中剩余部分的内容及其组织结构，提出了最适合于每一类型读者阅读文档的建议。

a. 4 产品的范围

产品的范围提供了对指定的软件及其目的的简短描述，包括利益和目标。把软件与企业目标或业务策略相联系。可以参考项目视图和范围文档，而不是将其内容复制到这里。

a.5　参考文献

参考文献列举了编写软件需求规格说明时所参考的资料或其他资源。可能包括用户界面风格指导、合同、标准、系统需求规格说明、使用实例文档或相关产品的软件需求规格说明。在这里应该给出详细的信息，包括标题名称、作者、版本号、日期、出版单位或资料来源，以方便读者查阅这些文献。

b. 综合描述

综合描述概述了正在定义的产品以及它所运行的环境、使用产品的用户和已知的限制、假设和依赖。

b.1　产品的前景

产品的前景描述了软件需求规格说明中所定义的产品的背景和起源。说明该产品是否是产品系列中的下一成员，是否是成熟产品所改进的下一代产品，是否是现有应用程序的替代品，或者是否是一个新型的、自含型产品。如果软件需求规格说明定义了系统的一个组成部分，就要说明这部分软件是怎样与整个系统相关联的，并且要定义出两者之间的接口。

b.2　产品的功能

产品的功能概述了产品所具有的主要功能。其详细内容将在 d 中描述，所以在此只需要概略地总结，例如用列表的方法给出。很好地组织产品的功能，使每个读者都易于理解。用图形表示主要的需求分组以及它们之间的联系，例如数据流图的顶层图或类图，都是有用的。

b.3　用户类和特征

用户类和特征确定可能使用该产品的不同用户类并描述它们相关的特征。有一些需求可能只与特定的用户类相关。将该产品的重要用户类与那些不太重要的用户类区分开。

b.4　运行环境

运行环境描述了软件的运行环境，包括硬件平台、操作系统和版本，还有其他的软件组件或与其共存的应用程序。

b.5　设计和实现上的限制

设计和实现上的限制确定影响开发人员自由选择的问题，并说明这些问题为什么成为一种限制。可能的限制包括如下内容：

- 必须使用或者避免的特定技术、工具、编程语言和数据库；
- 所要求的开发规范或标准（例如，如果由客户的公司负责软件维护，就必须定义转包者；
- 所使用的设计符号表示和编码标准；
- 企业策略、政府法规或工业标准；
- 硬件限制，例如定时需求或存储器限制；
- 数据转换格式标准。

b. 6 假设和依赖

假设和依赖列举出在对软件需求规格说明中影响需求陈述的假设因素（与已知因素相对立）。这可能包括打算要用的商业组件或有关开发或运行环境的问题。你可能认为产品符合一个特殊的用户界面设计约定，但是另一个 SRS 读者却可能不这样认为。如果这些假设不正确、不一致或被更改，就会使项目受到影响。

此外，确定项目对外部因素存在的依赖。例如，如果打算把其他项目开发的组件集成到系统中，那么就要依赖那个项目按时提供正确的操作组件。如果这些依赖已经记录到其他文档（例如项目计划）中，那么在此就可以参考其他文档。

c. 外部接口需求

利用本节来确定可以保证新产品与外部组件正确连接的需求。关联图表示了高层抽象的外部接口。需要把对接口数据和控制组件的详细描述写入数据字典中。如果产品的不同部分有不同的外部接口，那么应把这些外部接口的详细需求并入到这一部分的实例中。

c. 1 用户界面

陈述所需要的用户界面的软件组件。描述每个用户界面的逻辑特征。以下是可能要包括的一些特征：

- 将要采用的图形用户界面（GUI）标准或产品系列的风格；
- 屏幕布局或解决方案的限制；
- 将出现在每个屏幕的标准按钮、功能或导航链接（例如一个帮助按钮）；
- 快捷键；
- 错误信息显示标准。

对于用户界面的细节，例如特定对话框的布局，应该写入一个独立的用户界面规格说明中，而不能写入软件需求规格说明中。

c. 2 硬件接口

硬件接口描述系统中软件和硬件每一接口的特征。这种描述可能包括支持的硬件类型、软硬件之间交流的数据和控制信息的性质以及所使用的通信协议。

c. 3 软件接口

软件接口描述该产品与其他外部组件（由名字和版本识别）的连接，包括数据库、操作系统、工具、库和集成的商业组件。明确并描述在软件组件之间交换数据或消息的目的。描述所需要的服务以及内部组件通信的性质。确定将在组件之间共享的数据。如果必须用一种特殊的方法来实现数据共享机制，例如在多任务操作系统中的一个全局数据区，就必须把它定义为一种实现上的限制。

c. 4 通信接口

通信接口描述与产品所使用的通信功能相关的需求，包括电子邮件、Web 浏览器、网络通信标准或协议及电子表格等。定义相关的消息格式，规定通信安全或加密问题、数据传输速率和同步通信机制。

d. 系统特性

在图 2-25 所示的模板中，功能需求是根据系统特性即产品所提供的主要服务来组织的。可通过使用实例、运行模式、用户类、对象类或功能等级来组织这部分内容（IEEE 1998），还可以使用这些元素的组合。总而言之，必须选择一种使读者易于理解预期产品的组织方案。仅用简短的语句说明特性的名称，例如“4.1 拼写检查和拼写字典管理”。无论想说明何种特性，阐述每种特性时都将重述 d.1～d.3 这三步系统特性。

d.1　说明和优先级

说明和优先级提出了对该系统特性的简短说明并指出该特性的优先级是高、中，还是低。或者还可以包括对特定优先级部分的评价，例如利益、损失、费用和风险，其相对优先等级可以为1（低）～9（高）。

d.2　激励/响应序列

激励/响应序列列出输入激励（用户动作、来自外部设备的信号或其他触发器）和定义这一特性行为的系统响应序列，这些序列将与使用实例相关的对话元素相对应。

d.3　功能需求

该标题列出与该特性相关的详细功能需求。这些是必须提交给用户的软件功能，使用户可以使用所提供的特性执行服务或者使用所指定的使用实例执行任务。描述产品如何响应可预知的出错条件或者非法输入或动作。就像本章开头所描述的那样，必须唯一地标识每个需求。

e. 其他非功能需求

这部分列举出了所有非功能需求，而不是外部接口需求和限制。

e.1　性能需求

该标题阐述了不同的应用领域对产品性能的需求，并解释它们的原理，以帮助开发人员做出合理的设计选择。确定相互合作的用户数或者所支持的操作、响应时间以及与实时系统的时间关系。还可以在这里定义容量需求，例如存储器和磁盘空间的需求或者存储在数据库中表的最大行数。尽可能详细地确定性能需求。可能需要针对每个功能需求或特性分别陈述其性能需求，而不是把它们都集中在一起陈述。例如，“在运行微软 Windows 2000 的 450 MHz PentiumⅡ的计算机上，当系统至少有 50% 的空闲资源时，95% 的目录数据库查询必须在两秒内完成。”

e.2　安全设施需求

该标题详尽陈述与产品使用过程中可能发生的损失、破坏或危害相关的需求。定义必须采取的安全保护或动作，还有那些应该预防的潜在的危险动作。明确产品必须遵从的安全标准、策略或规则。一个安全设施需求的范例如下：“如果油箱的压力超过了规定的最大压力的 95%，那么必须在 1 秒钟内终止操作。”

e.3　安全性需求

该标题详尽陈述与系统安全性、完整性或与私人问题相关的需求，这些问题将会影响到产品的使用和产品所创建或使用的数据的保护。定义用户身份确认或授权需求。明确产品必须满足的安全性或保密性策略，也可通过称为完整性的质量属性来阐述这些需求。一个软件系统的安全需求的范例如下：“每个用户在第一次登录后，必须更改他的最初登录密码。最初的登录密码不能重用。”

e.4　软件质量属性

软件质量属性详尽陈述与客户或开发人员至关重要的其他产品质量特性。这些特性必须是确定、定量的并在可能时是可验证的。至少应指明不同属性的相对侧重点，例如易用程度优于易学程度，或者可移植性优于有效性。

e.5　业务规则

业务规则列举出有关产品的所有操作规则，例如什么人在特定环境下可以进行何种操作。这些本身不是功能需求，但它们可以暗示某些功能需求执行这些规则。一个业务规则的范例如下："只有持有管理员密码的用户，才能执行 $100.00 或更大额的退款操作。"表明对退款操作功能有一定的权限限制。

e.6　用户文档

用户文档列举出将与软件一同发行的用户文档部分，例如，用户手册、在线帮助和教程。明确所有已知的用户文档的交付格式或标准。

f. 其他需求

该标题定义在软件需求规格说明的其他部分未出现的需求，例如国际化需求或法律上的需求。还可以增加有关操作、管理和维护部分来完善产品安装、配置、启动和关闭、修复和容错，以及登录和监控操作等方面的需求。在模板中加入与项目相关的新部分。如果不需要增加其他需求，就省略这一部分。

附录 A：词汇表

词汇表定义所有必要的术语，以便读者可以正确地解释软件需求规格说明，包括词头和缩写。可以为整个公司创建一张跨越多项项目的词汇表，并且只包括特定于单一项目的软件需求规格说明中的术语。

附录 B：分析模型

这个可选部分包括或涉及相关的分析模型的位置，例如数据流图、类图、状态转换图或实体—关系图。

附录 C：待确定问题的列表

编辑一张在软件需求规格说明中待确定问题的列表，其中每一表项都是编上号的，以便于跟踪调查。详尽陈述与产品使用过程中可能发生的损失、破坏或危害相关的需求。定义必须采取的安全保护或动作，还有那些预防的潜在的危险动作。明确产品必须遵从的安全标准、策略或规则。一个安全设施需求的范例如下："如果油箱的压力超过了规定的最大压力的 95%，那么必须在 1 秒钟内终止操作。"

2.7　需求评审

通常，总是由一些非软件开发人员进行产品检查以发现产品所存在的问题，这就是技术评审。需求文档的评审是一项精益求精的技术，它可以发现那些二义性的或不确定的需求、那些由于定义不清而不能作为设计基础的需求，还有那些实际上是设计规格说明的所谓的“需求”。需求评审也为风险承担者们提供了在特定问题上达成共识的方法。不同种类的技术评审具有不同的称谓。非正式评审的方法包括把工作产品分发给许多其他的开发人员粗略看一看和走过场似地检查一遍（Walkthrough）。同时执行者描述产品，且征求意见。非正式评审对于培养其他人对产品的认识并获得非结构化的反馈是有利的，但非正式评审是非系统化的、不彻底的，或者在实施过程中具有不一致性。非正式评审不需要记录备案。非正式评审可以根据个人爱好的方式进行评审，而正式评审则遵循预先定义好的一系列步骤过程。正式评审内容需要记录在案，它包括确定材料、评审员、评审小组对产品是否完整或是否需要进一步工作的判定，以及对所发现的错误和所提出的问题的总结。正式评审小组的成员对评审的质量负责，而开发者则最终对他们所开发的产品的质量负责（Freedman and Weinberg，1990）。正式技术评审的最好类型叫做审查（Inspection）（Ebenau and Strauss，1994；Gilb and Graham，1993）。对需求文档的审查是可利用的最高级软件质量技术。一些公司已经认识到：在审查需求文档或其他软件产品上花费 1 个小时，可节省 10 个小时的工作时间（Grady，1994）。如果对提高软件的质量持有认真的态度，那么就审查所编写需求文档的每一行。虽然对大型的需求文档进行详细审查很无聊并且也很费时，但是很多采用需求审查的人都一致认为他们所花的每一分钟都是值得的。如果认为没有时间详细审查每个方面，那么就使用简单的风险分析模型来区分需求文档哪些部分是需要详细审查的和那些不重要部分只要用非正式评审就能满足质量要求。在“化学制品跟踪系统”中，在每次获取需求的专题讨论会之后代表不同用户类的小组对渐增性软件需求规格说明进行非正式评审，立刻就发现了许多错误。在需求获取完成以后，由一个系统分析员把来自不同用户类的软件需求规格说明归纳在一起，组成一份大约有 50 页的文档，并加上许多附录。两个分析员、一个开发人员、三个产品代表者、项目经理以及一个测试人员一起在三次长达两个小时的审查会上对软件需求规格说明进行审查。审查小组发现了 223 个错误，其中包括几十个重大缺陷。所有的审查员一致认为在审查会上，他们在软件需求规格说明上所花的时间（一次一个需求），从长远目标来看，节省了项目开发小组大量的时间。

本章要点

本章的主要内容是软件需求的含义，需求所包含的基本内容，了解需求分析的目的，掌握需求获取的方法，运用需求分析的方法对软件系统进行需求分析，构造系统需求的模型，描述需求分析文档。

练习

2.1 软件需求都包含哪些内容？

2.2 如何区分功能性需求和非功能性需求？

2.3 对以下所要实现的系统，给出功能性和非功能性说明：

（1）电子资源管理器，可以对电子类文件（如 mp3、mp4 文件、视频文件、文字等不同媒体文件）进行管理。

（2）校园导游系统可以随时提供给需要者相应的帮助信息。

（3）无人看守的自动加油站管理系统，自动完成加油、交款和开发票等需要。

2.4 需求获取都有哪些方法？它们各自有何特点？

2.5 需求描述都采用哪些模型？每种模型都有什么样的特点？

2.6 需求分析的文档的结构是什么？

第3章 软 件 设 计

本章概述和学习目标

软件设计是大型软件系统开发中又一个重要阶段，其目的是建立一个符合用户要求的软件系统，简单来说，就是根据需求分析的“做什么（What to do?）”，确定系统应该“怎么做（How to do?）”。软件设计是一个把软件需求变换成软件表示的过程。包括确定能实现软件功能、性能要求集合的最合理的软件系统结构，设计实现的算法和数据结构。软件设计的结果是软件设计规格说明书。通常将软件设计分为总体设计（又称概要设计）和详细设计（又称过程设计）两个阶段。分为以下5个方面：

- 软件系统的体系结构设计；
- 系统接口设计；
- 数据结构设计；
- 软件过程设计；
- 系统界面设计。

通过本章的学习，应明确结构化设计的主要任务、设计步骤、具体方法，具体掌握软件的总体设计及详细设计的基本思想和方法；重点掌握从数据流图导出初始结构图及如何对初始结构图进行改进的方法。

本章要求：学生应掌握软件设计的内容、设计过程和方法，了解软件系统设计所包含的重要内容，重点掌握软件系统设计的基本方法和描述工具。

3.1 软件设计的任务

总体设计通常又被称为概要设计，是软件设计中的第一个阶段。该阶段的基本任务是：

- 将系统划分成模块；
- 决定每个模块的功能；
- 决定模块的调用关系；
- 决定模块的界面，即模块间传递的数据。

因此，总体设计的主要工作是完成模块的分解，确定系统的模块层次结构，并编写总体设计文档。

总体设计需交付的文档有：

- 数据结构的描述部分；
- 模块说明部分，它包括模块结构图及每个模块的功能说明。

模块结构图（如图3-1所示）描述了系统的模块组成以及模块间的调用关系，每个模块的功能说明则需描述模块的输入输出及其功能（即“做什么”，不是“怎么做”）。

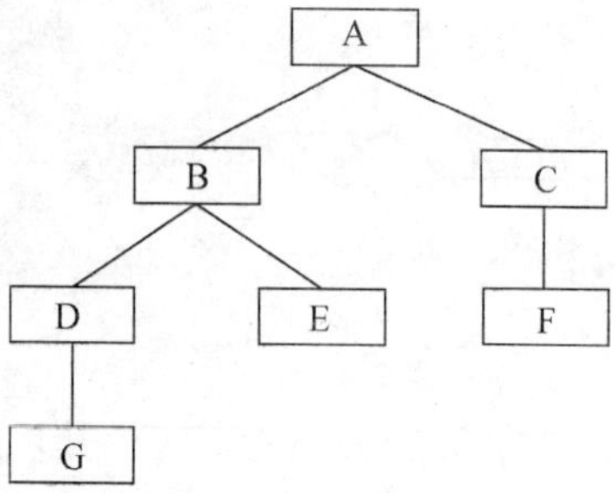

图 3-1 软件系统模块结构图

3.2 软件设计的基本原则

在讲述本章内容时会涉及软件设计中的某些基本概念和基本原理，下面对这些基本概念和原理一一进行介绍。

3.2.1 模块化

如果问题较简单，要求一旦确定了，立刻可以开始编程。但对大型系统来说，为了保证产品的质量，并使开发工作能顺利进行，必须先为编程制订一个周密的计划，这项工作称为设计（Design），设计实际上是为需求说明书到程序间的过渡架起一座桥梁。

软件系统应由许多较小的单元组成，这种单元称为模块。所谓模块，是指具有相对独立性的，由数据说明、执行语句等程序对象构成的集合。可以通过名字实现对指定模块的访问。在高级语言中，模块具体表现为函数、子程序、过程等。

一个模块具有输入/输出、功能、内部数据、程序代码四个特性。输入/输出和功能构成了一个模块的外貌，即模块的外部特性。模块用程序代码完成它的功能，内部数据是仅供模块本身引用的数据，内部数据和程序代码是模块的内部特性。对模块的外部环境来说，只需了解它的外部特性就足够了，其内部特性应该是不必了解的。“由外向里”是较合理的一种思考过程，所以应先确定模块的外部特性，再确定其内部特性。

3.2.2 模块独立性

所谓模块的独立性，是指软件系统中每个模块只涉及软件要求的具体的子功能，而和软件系统中其他的模块的接口尽可能简单。例如，若一个模块只具有单一的功能且与其他模块没有太多的联系，那么，称此模块具有模块独立性。

模块独立性的重要性体现在：具有独立模块的软件容易开发，这是由于能够对软件的功能加以分割，而相互接口简单，可由一组人员同时开发。独立的模块比较容易测试和维护，这是因为，相对来说，模块比较独立，修改设计程序需要的工作量比较小，错误传播范围小，需要扩充功能时还能够“插入”模块。

总之，模块独立是优秀设计的关键，而设计又是决定软件质量的关键环节。

一般模块的独立程度可以由两个定性标准度量，即模块间的耦合性和模块的内聚性。耦合性是模块之间相互连接的紧密程度的度量。模块之间的连接越紧密，联系越多，耦合性就越高，而其独立性就越弱。内聚性是一个模块内部各个元素彼此结合的紧密程度的度量。一个模块内部各个元素之间的联系越紧密，则内聚性就越高。相对的，它与其他模块之间的耦合性就会降低，模块独立性就越强。因此，独立性比较强的模块应是高内聚低耦合的模块。

1. 耦合

如果一个模块在不需要另一个模块的情况下，能够完整地执行其功能，就称这两个模块完全独立。但通常模块之间总是相互关联的，因为完全独立的模块是无法构成系统的。关键是连接的程度和复杂度。耦合度就是衡量连接的强度的概念，模块间连接很强叫“紧耦合”，而模块间连接较弱叫“松耦合”。显然，我们的目标是努力实现“松耦合”系统。

一般模块之间的可能连接方式有 7 种，构成了 7 种不同的耦合，具体区分模块间耦合程度的强弱的标准如图 3-2 所示。

低 ———— 耦合性 ————→ 高

非直接耦合	数据耦合	标记耦合	控制耦合	外部耦合	公共环境耦合	内容耦合

强 ———— 模块独立性 ————→ 弱

图 3-2　耦合的类型

（1）非直接耦合。耦合程度最低，独立性最弱。如果两个模块从属于不同的模块控制或调用，也就是说两者没有直接关系，叫做非直接耦合。

（2）数据耦合。如果一个模块访问另一个模块，彼此之间是通过数据参数交换输入和输出的信息，就叫数据耦合。由于只能通过参数表传递数据，开发的程序界面简单、安全可靠，因此数据耦合是数据松散的耦合，模块间的独立性强。数据耦合也是软件结构中常见的耦合。

数据耦合的例子如下所示：

```
sum(int a,int b)
{int c;
c=a+b;
return(c);
}
main()
{int x,y;
……
printf("x+y=%d",sum(x,y));
}  /*主函数与sum函数之间即为数据耦合关系*/
```

（3）标记耦合。假如两个模块都要使用同一个数据结构的一部分，如某文件中的一个记录，若没有采用全程公共数据区，而是通过模块接口界面传递数据结构的一部分，这种耦合叫标记耦合。标记耦合是数据耦合的一种变形，但这种耦合要求两个模块都要清楚数据结构，并按结构的要求进行操作，所以在设计中应避免出现这种耦合，可以将在同一数据结构上的操作集中在一个模块中，消除标记耦合。

(4) 控制耦合。如果一个模块通过传递开关、标志、名字等控制信息，明显地控制选择另一模块的功能，就属于控制耦合，如图 3-3（a）所示。控制耦合在大多数的软件设计中是非常通用的。这种耦合实际上是在单一接口上，选择多功能模块中的某一个功能。因此被控制模块的变化，会影响控制模块，而且控制模块必须了解被控制模块内部的逻辑关系，这些都会降低模块的独立性。

控制耦合属中等程度的耦合，它增加了系统的复杂程度。实际上控制耦合往往是多余的，在把模块适当分解之后通常可以用数据耦合代替它，如图 3-3（b）所示。

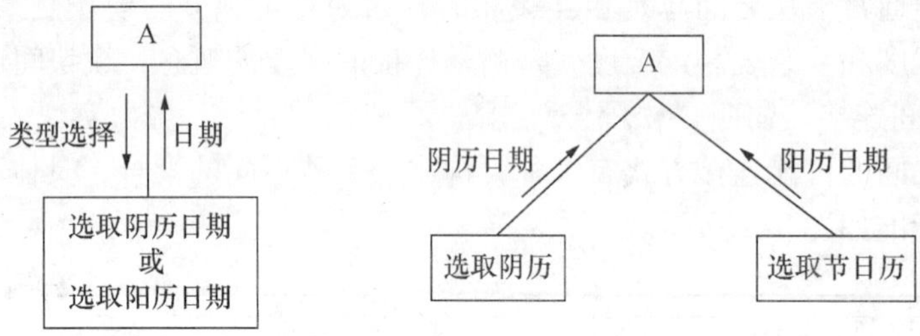

图 3-3　控制耦合及其分解

(5) 外部耦合。当模块受软件的外部环境约束，例如，I/O 把一个模块连接到指定的设备上时，受其格式及通信协议的约束，就出现较高程度的耦合——外部耦合。外部耦合有时是不可避免的，但在一个结构中应将其限制在少量模块内。

(6) 公共环境耦合。当两个或多个模块通过一个公共数据环境相互作用时，如共享对一个公用区中数据的引用权或修改权，它们之间的耦合称为公共环境耦合。公共环境可以是全程变量、共享的通信区、内存的公共覆盖区、任何存储介质上的文件、物理设备等。公共环境耦合的复杂程度随耦合模块的个数而变化，当耦合的模块个数增加时，复杂程度显著增加。

这种共享方式增加了所有共享公用区的模块之间的联系，使得一个模块的错误，通过公用区传向所有模块，给查错与排错造成了麻烦。如图 3-4 所示，其中模块 C、F 和 N，均可对全程数据区（例如，一个磁盘文件）中的一个数据项进行存取。若模块 C 读该项并调用 F，F 对该项重新计算并进行更新。假定 F 中出现了错误，对数据项进行了错误的修改，而错误一直潜伏到模块 N 工作时才暴露出来。从表面上看，问题的位置和原因是模块 N，但实际的原因却是模块 F。所以在具有大量公共环境耦合的结构中，问题诊断是很困难的。然而，这并不意味着使用全程数据一定“不好”，有时如果两个模块共享的数据很多，都通过参数传递可能很不方便，这时可以利用公共环境耦合。

(7) 内容耦合。最高程度的耦合是内容耦合。如果出现下列情况之一，即出现内容耦合：

- 一个模块使用包含在另一个模块边界内的数据或控制信息；
- 一个模块通过不正常入口而转到另一个模块的内部；
- 两个模块有一部分程序代码重叠（只可能出现在汇编程序中）；

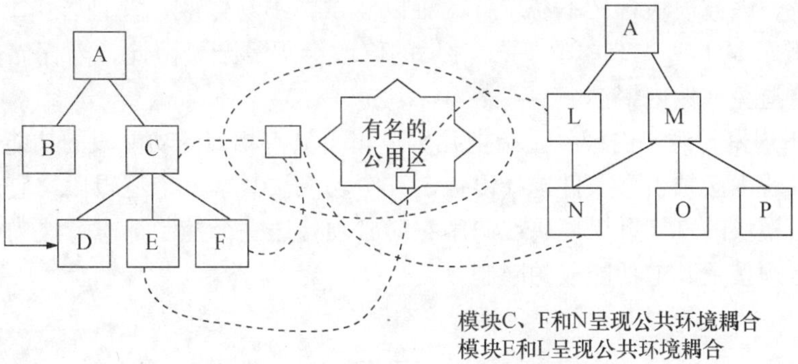

图3-4　外部耦合和公共环境耦合

- 一个模块有多个入口（这意味着一个模块有几种功能）。

应该坚决避免使用内容耦合。事实上许多高级程序设计语言都不允许在程序中出现任何形式的内容耦合。

耦合越弱，则表明模块的独立性越强。但实际工作中，中等甚至较强的耦合不可能也不必完全禁用。但最强类的内容耦合，由于会给维护工作带来很大的困难，是一种病态联系，故应该尽量不用。

2. 内聚

内聚是描述一个模块内各个元素之间关系的一个概念，是对各元素彼此结合的紧密程度的一种度量，它是信息隐藏和局部化概念的自然扩展。简单来说，内聚度越高，表明模块内各元素间的联系强度越大。理想内聚的模块是只做一件事情。

一般模块内元素间的联系按照由弱到强的顺序，分为7种情况，如图3-5所示。

低 ——————— 耦合性 ———————→ 高

偶然内聚	逻辑内聚	时间内聚	过程内聚	通信内聚	顺序内聚	功能内聚

强 ——————— 模块独立性 ———————→ 弱

图3-5　7种不同的内聚性和独立性的关系

（1）偶然内聚。是指模块内各功能段之间不存在有意义的联系。例如图3-6中的模块T，它拥有的三个动作没有直接的联系，只因为P、Q、R、S都要用到它们，为了节省一些存储空间，将它们放在一个模块中。

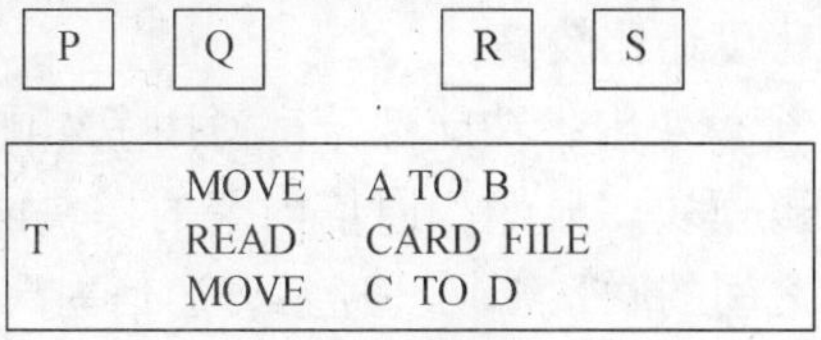

图3-6　偶然内聚模块

偶然内聚是内聚度最低的。这种模块的问题是：模块不易命名；由于模块内诸元素无任何逻辑关系，因此模块含义不易理解，难以测试，不易修改；并且若当 P、Q 有不同的要求（如 P 要求 MOVE A TO B）时，对 T 的修改会很复杂。因此，当存储空间不是很紧张时，应尽量避免偶然内聚。

（2）逻辑内聚。逻辑内聚，是指把几个逻辑上具有相似的功能段的功能放在一个模块内。在这种模块内必须引入条件选择以控制几个功能块共享一个逻辑段，它的内部构造如图 3-7 所示。模块的直接上级模块在调用它时必须传送一个控制标志；块内某一功能段需要改变时，必须接受其他功能段的限制。

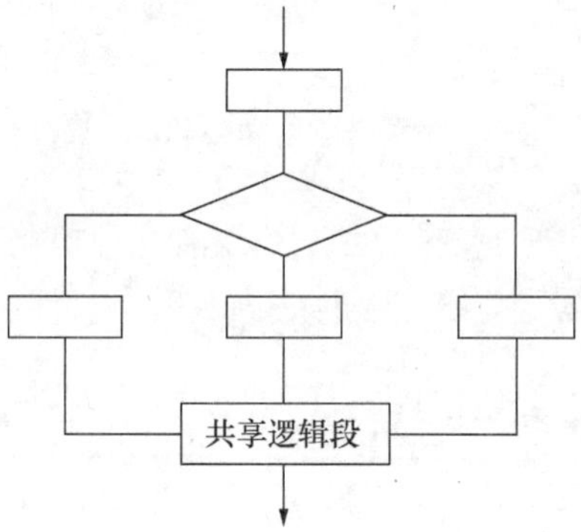

图 3-7　逻辑内聚示例

（3）时间内聚。时间内聚是把要求在系统运行的同一时间内处理的元素组合成一个模块。例如，在“意外事故处理”模块中，关闭文件、报警、保留现场等任务必须无中断地同时处理，各元素不但逻辑相关，同时也是时间相关，所以它比逻辑内聚模块的内聚度要高。

（4）过程内聚。如果一个模块内处理是相关的，而且必须以特定次序执行，则称这个模块为过程内聚模块。通常过程内聚模块可以是一个循环、一个判定或一个步骤的线性序列。过程内聚要考虑它们的顺序，其模块各处理元素之间的顺序关系由问题解的流程图（过程或算法）或其他过程模型（如 N-S 图）得出。把流程图中的某一部分划出组成模块，得到的就是过程内聚模块。如图 3-8 所示，把流程图中的循环部分、判定部分、计算部分分成三个模块，这三个模块都是过程内聚模块。

过程内聚模块可能包含一个完整功能的一部分，或者包含一个或几个功能再加上其他功能的一部分。这种以过程为基础的结构设计会导致结果的高度可变性，如果选择不当，就不能使这种模块完成独立的任务，也无法在新的系统中独立使用。因此，它的内聚程度仍然比较低，模块间的耦合程度还比较高。

（5）通信内聚。如果一个模块内各功能部分都使用了相同的输入数据，或产生了相同的输出数据，则称为通信内聚模块。显然，通信内聚的模块内各功能段有公用的信息区，公用信息使模块内各功能段之间的联系密切。通常，通信内聚模块是通过数据流图来定义的，如图 3-9 所示。在图中，以虚线方框表示两个通信内聚模块，它们或者有相同的输入记录，或者有相同的输出结果。

通信内聚模块的内聚程度比过程内聚模块的内聚程度要高，因为在通信内聚模块中包括了许多独立的功能。但是，由于模块中各功能部分使用了相同的输入/输出缓冲区，整个系统的效率会下降。

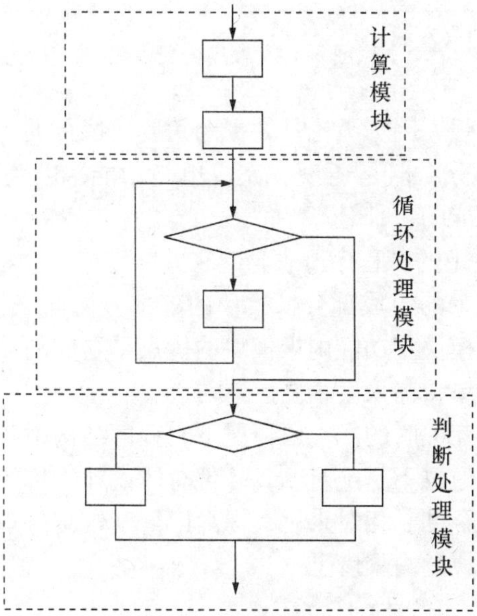

图 3-8　过程内聚模块

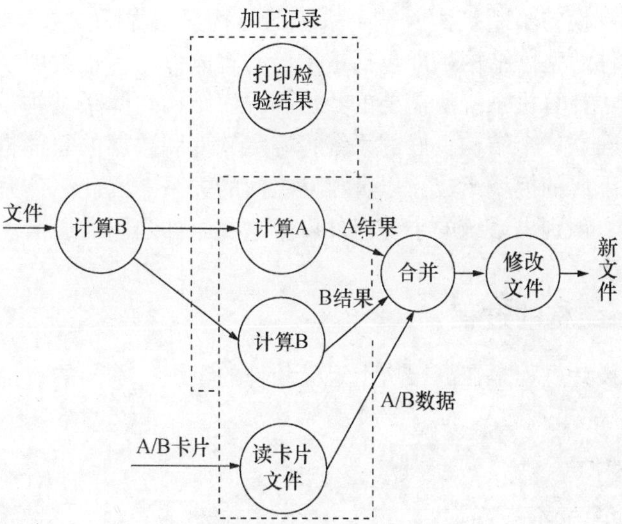

图 3-9　通信内聚模块

（6）顺序内聚。顾名思义，这类模块中的各组成部分是顺序执行的。在通常情况下，上一个处理框的输出就是下一个处理框的输入。例如，图 3-10 所示的两个模块都属于这一类型：模块 A 读入数据并进行编辑，模块 B 进行累加并将结果打印。

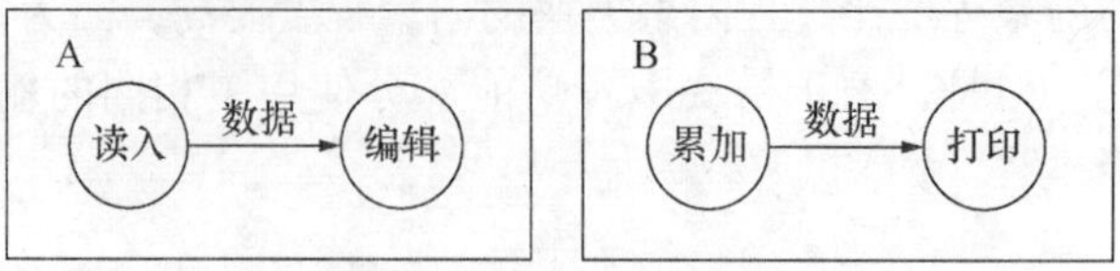

图 3-10 顺序内聚模块

顺序内聚比通信内聚强，因为无论从数据的角度或执行的先后次序来看，模块中某一部分的执行依赖于另一部分，但是还没有完成单一功能，因为模块中可能包含了几个功能，也可能仅包含某个功能的一部分。

（7）功能内聚。模块中的各程序段联合起来共同完成一个特定的功能，模块中各个部分都是完成该功能必不可少的组成部分，模块的各部分协同工作、紧密联系，不可分割，称这样的模块为功能内聚模块。功能内聚模块的优点是它们的功能明确，模块中的元素联系密切，模块间的耦合简单，内聚度很高。

内聚性和耦合性是相互关联的。一般情况下，程序结构中各模块的内聚程度越高，模块间的耦合程度就越低，但也不是绝对的。软件总体设计的目的是力求增加模块间的内聚度，尽量减少模块间的耦合度。相对来讲，提高内聚度较减少耦合度更重要，设计时应当把更多的精力放到提高模块的内聚度上。

3.3 软件体系结构设计

随着软件系统规模的不断扩大，整个系统的结构显得尤为重要。软件体系结构（Architecture）是指软件的整体结构，即包括了系统的整体分布，也说明了系统内部软件的程序结构，表达了基于计算机系统所需要的数据和程序结构。体系结构设计是软件设计的首要任务，目的在于建立一个结构良好的系统，确定软件和数据的总体框架，给出系统的子系统分布和子系统下属的模块组成，以及相互之间的关系。因此，体系结构的设计为系统建立一个基本框架，识别出系统的主要组件以及这些组件之间的通信。

3.3.1 构建体系结构的过程

软件体系结构设计过程是在高层次上定义软件的组织，不同的设计角度会形成不同的构建过程。

1. 系统结构化

根据系统的分布情况，可以将系统分解为一系列基本子系统，每一个子系统都是一个独立的软件单元，同时识别出子系统之间的通信。目前，基于网络方式的分布式系统是应用非常广泛的一种形式。分布式系统的信息处理分布在许多计算机上，软件系统运行在以网络相连的、处于不同地域的多台计算机上。例如，经常使用的 ATM（如图 3-11 所示）、飞机与火车票预订系统等，都是常见的分布式系统。

由于 ATM 分布在城市的不同地方，每台 ATM 都访问统一的账户服务器，由服务器的处理监控器和客户账户数据库分别处理远程 ATM 的访问。可以将系统分解为 ATM 处理子系统、账户服务器子系统，也可以进一步将账户服务器分解为远程处理监控器子系统、客户账户数据库子系统。同时，也明晰了各个子系统之间的接口联系。按照网络分布情况所划分的软件系统，在后面的章节中会进一步详述。

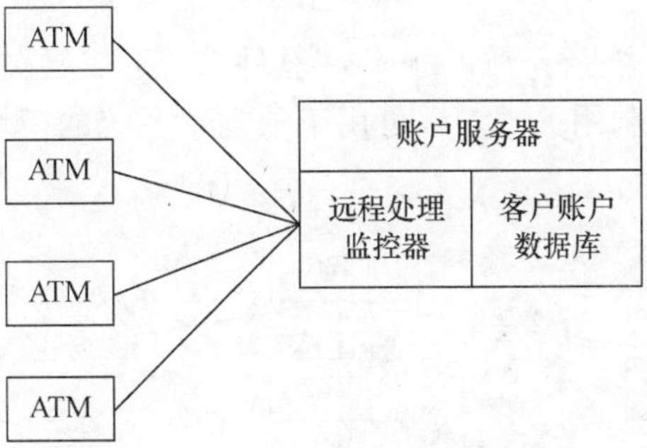

图 3-11　ATM 的分布式系统结构

2. 控制模型

根据控制系统的各个部分之间的控制关系，对系统进行有效地分解，可以形成集中管理、分散控制的分解模型。例如，实时监控系统的体系结构示意如图 3-12 所示。

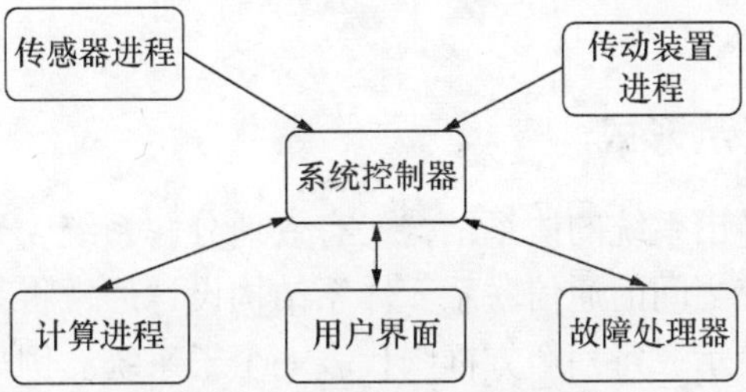

图 3-12　实时监控系统的体系结构

实时监控系统的体系结构是一个并发系统的集中控制体系结构模型，中央控制器管理一组进程的执行，这些进程管理传感器和传动装置。根据系统的状态变量，系统控制器决定哪些进程何时启动或何时终止，控制器不断循环，检测传感器和其他进程的事件或状态的变化，检查进程对数据的处理以及子系统对数据的要求。

在控制模型里也有基于选择性广播的控制模型，如图 3-13 所示。

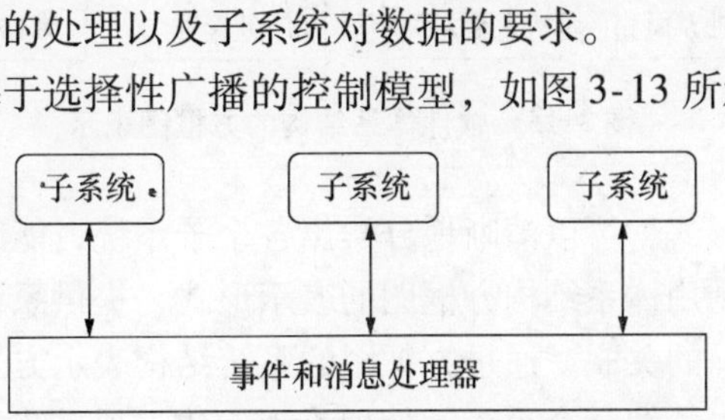

图 3-13　基于选择性广播的控制模型

所有事件都可以通过事件和消息处理器被广播到所有的子系统中，事件处理器检测事件，查阅事件记录，将事件和消息传送给对该事件感兴趣的子系统中。同时，也能够实现点对点的消息通信，一个子系统能够明确地将一个消息发送给另外一个子系统。

3．模块分解

对整体软件系统的结构进行分解，可以将软件系统形成层次分解的模块结构，确定模块的类型以及模块之间的调用关系。也可用于独立子系统的模块化分解过程，如图 3-14 所示。

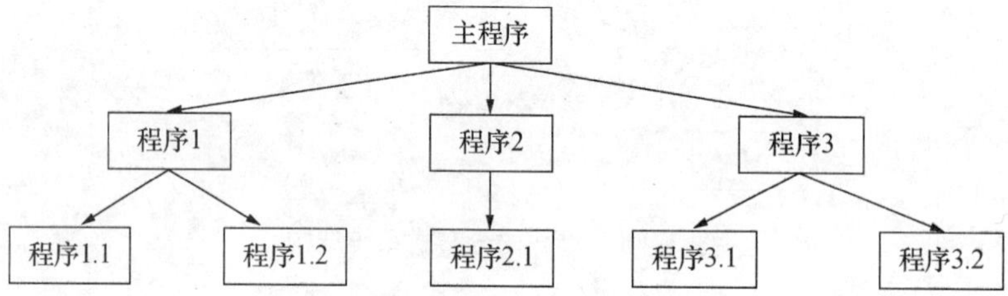

图 3-14 模块分解的体系结构

主程序能够调用程序 1、2、3；程序 1 能够调用程序 1.1、1.2；程序 3 可以调用程序 3.1、3.2。因此，利用这种层次调用的模块化分解形式，有益于结构化程序的调用与返回的程序实现。

3.3.2 体系结构的表示形式

软件设计的目标是导出系统的体系结构，有效地分解系统，有利于独立实现每一个子系统，以及易于实现系统之间的通信联系。体系结构设计通常将系统分解成一组相互作用的子系统，采用方框图表示，每一个方框图代表一个子系统。例如可以将系统按照不同的侧面列为几个子系统，如图 3-15 所示，把系统按照实现的不同角度分解成若干相对独立的子系统。

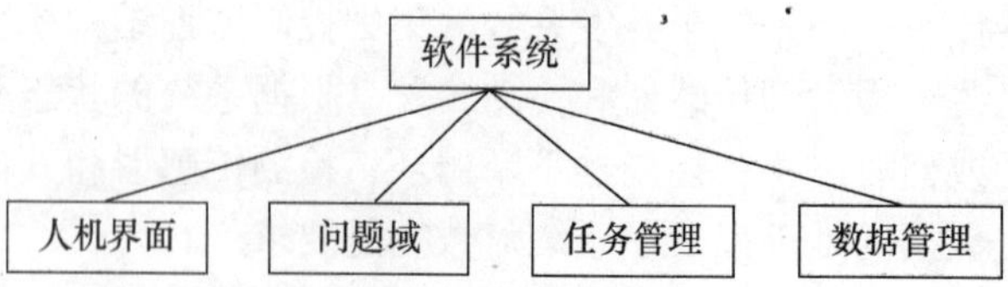

图 3-15 软件体系结构的方框图表示

通过方框图的表示形式，可以清晰地分辨出各个子系统，能够将整个系统划分为多个子系统。同时，也可以利用体系结构方框图的表示形式，提供系统的实现过程，达到分解的目的和建立子系统之间的关联。通过方框图的系统结构表示方式，可以了解每个子系统处理的不同方面，也可以了解整个系统的处理流程，建立子系统之间的接口联系。

3.3.3　体系结构的分类

随着网络的发展，体系结构的分类不断发生变化，常见的形式有：共享数据的容器模型、共享服务或服务器形式的客户机/服务器模型和分层模型等。以下分别加以说明。

1. 容器模型

任何系统都需要交换信息，保存相关的数据，如何保存数据、有效地交换信息、提高系统运行的效率，取决于数据的分布形式。一般采取两种方法：

（1）可以将全部数据存放在统一的位置，形成中央数据库，所有的子系统都与中央数据库相连，访问的都是统一的数据资源。一般将这种形式称为容器模型。子系统之间的数据交换都是通过中央数据库实现的。

（2）也可以每个子系统存放自己的数据资源，与其他子系统之间的数据交换是通过消息传递来实现的。

在实际应用中为提高系统数据交换的效率，同时为保证数据的一致性和安全性，通常采用容器模型，有命令和控制系统、工具类系统等。如 CASE 工具集的体系结构采用了容器模型，基本模型如图 3-16 所示。

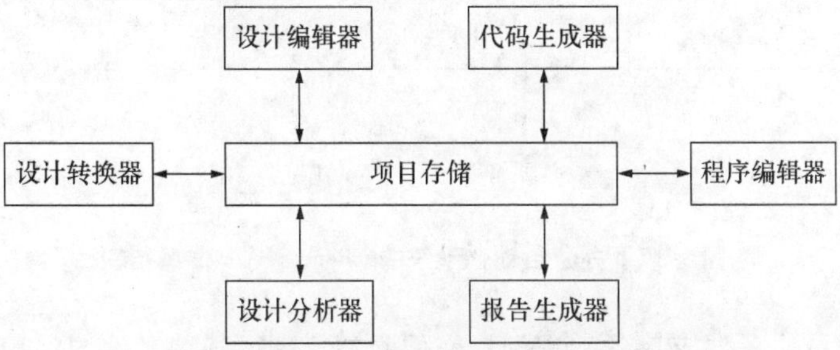

图 3-16　CASE 工具集的容器模型

CASE 工具集的共享容器模型有利于不同处理器访问共享的数据信息集，同时有利于达到数据的一致性。因此，共享容器模型的优缺点如表 3-1 所示。

表 3-1　共享容器模型的优缺点

优　点	缺　点
共享数据资源，子系统之间无须进行数据交换	系统内的任何子系统都要与容器数据模型一致，系统性能可能会受影响
有效地实现数据安全管理、访问控制，实现数据备份和恢复	大量信息按照统一的容器模型生成，要转换成其他模型会有一定的困难
子系统之间不关心数据的产生和使用	对系统安全性、控制访问方式等需要采取相同的策略
容易实现与其他系统数据的融合	容器模型很难将数据分布在多台机器上，容易引起数据冗余和不一致性

2. 客户机/服务器模型

客户机/服务器（Client/Server）体系结构模型是一个分布式系统模型，系统是由一组服务和相关的服务器组成，客户机访问并使用这些服务，它的基本组成部分如下。

（1）一组给其他子系统提供服务的服务器。如网络共享打印机的打印服务器、文件服务器等。

（2）一组向服务器请求服务的客户机，通常都是独立的子系统。如在办公自动化系统中多个办公室的办公终端同时请求打印服务、文件服务等。

（3）一个连接客户机和服务器的网络。在某些特殊的系统中，可能不需要网络连接，可以将客户机和服务器同时运行在同一台机器上，但是，目前大多数的系统应用中都是建立在网络基础上的。

如某办公自动化系统采用了客户机/服务器体系结构模型，如图 3-17 所示。在这个系统中，有管理不同媒体的目录服务器、文件服务器、Web 浏览服务器和邮件服务器等，并通过网络连接不同科室的办公终端。

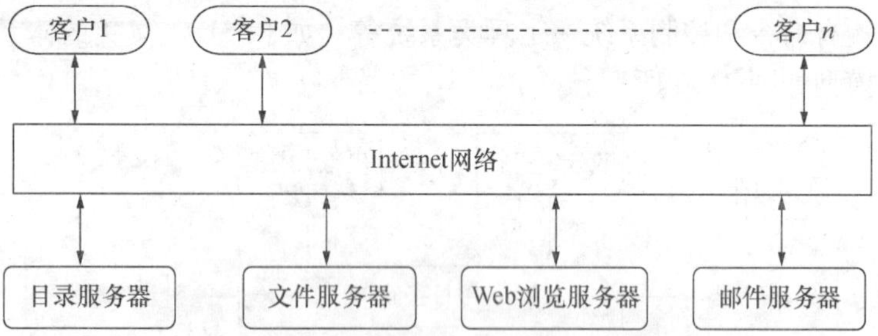

图 3-17 办公自动化系统的 Client/Server 体系结构

系统通过目录服务器支持各种查询，文件服务器进行各种文件的保存和访问，邮件服务器可以对系统内部的各种邮件实现存储，客户机对提供的各种服务形成用户界面，通过 Web 浏览服务器进行构造。

客户机/服务器模型采用的是分布式体系结构，由许多分布式处理器构成的网络系统，可以任意添加客户机和服务器、更新服务器，而不会影响系统的其他部分。同时，由于采用多种服务器模式，子系统以不同方式组织自己的数据，不同的服务器建立专门的数据模型，以便更好地优化其性能。

3. 分层模型

体系结构的分层模型把系统组织成一系列的层次，每一层提供一组服务。每一层定义一个抽象机，每个抽象机是由其下层的代码组成。如图 3-18 所示的信息系统，采用分层模型表示方式，顶层支持用户界面，底层是系统数据库，用户通信层处理所有来自用户界面的输入和输出，信息检索层包括应用相关的访问和更新数据库的逻辑。

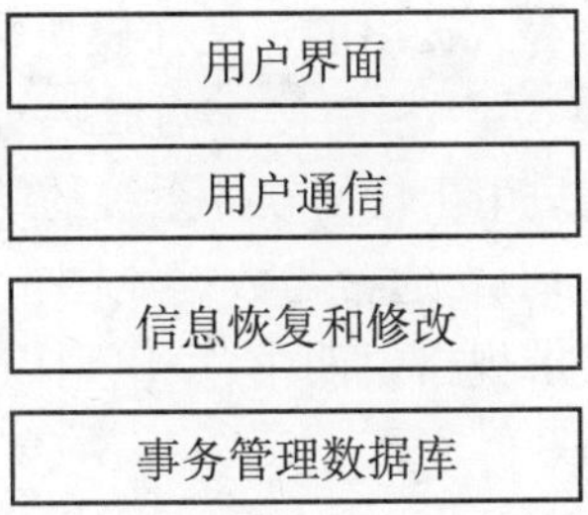

图 3-18　信息系统的分层模型

分层模型的著名例子就是网络协议 OSI 参考模型，分为 7 层，如图 3-19 所示。

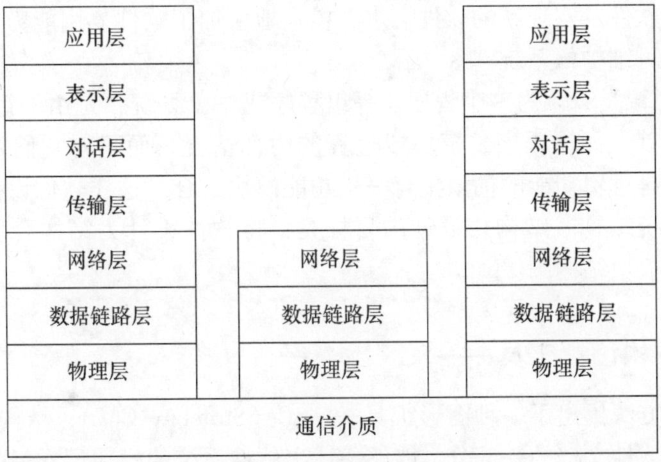

图 3-19　OSI 参考模型体系结构

分层模型支持系统的增量式开发。某一层开发完成，该层提供的服务就可以由用户使用，同时体系结构可以很好地移植和改变。如果一层的接口被保留下来，这个层就能够被另外的一个层替换，当一层的接口改变时，只有相邻的层受到影响。分层方法的缺点是用这种方法构成系统会存在困难，所有的分层服务都需要内部层提供，顶层的用户服务需要穿过其相邻层获取底层提供的服务，构造系统时可能更多地依赖底层的服务形式。同时，系统性能也会受到影响，需要多层的指令解释过程，如果分层过多，层间的管理会成为系统的负担。

3.4　结构化设计方法

从系统设计的角度出发，软件设计方法可以分为三大类。第一类是根据系统的数据流进行设计，称为面向数据流的设计（Data Flow-Oriented Design）或者过程驱动的设计（Process-Driven Design）；第二类是根据系统的数据结构进行设计，称为面向数据结构的设计（Data Structure-Oriented Design）或者数据驱动的设计（Data-Driven Design）；第三类设计方法是面向对象的设计（Object-Oriented Design）。本节只介绍第一种方法。

面向数据流的设计方法，又称结构化设计（Structured Design，SD），是由美国 IBM 公司的 E. Yourdon 和 L. Constantine 等人提出的，是在模块化等软件设计技术的基础上发展起来的。这种方法与结构化分析（SA）相衔接，构成一个完整的结构化分析和设计技术，是目前使用最广泛的方法之一，适用于任何软件系统的结构化设计。

结构化设计方法（以下简称 SD）通常与数据流图衔接起来使用。用数据流图方法得到的数据流图和数据字典描述需求规格说明书；SD 则以数据流图为基础，按照一定的步骤将其映射为软件的模块结构。

3.4.1 结构化设计的思想

结构化设计包括一组概念、标准和指导思想。其目的是降低软件开发费用及维护费用，有利于修正软件及实现新的软件需求，极大地增加了软件复用能力，为软件工程提供了一种高效的、可维护的系统。

SD 的主要思想是：认为一个程序、一组程序或一个系统，是由一组功能操作来构成。软件设计者必须首先无视程序、模块或过程的内部情况，而只对它们之间的关系进行分析，将系统看做是逻辑功能的抽象集合——功能模块集合。这样软件设计者能够有最大的自由度来设计系统结构。结构化设计的目标是：将软件设计为结构合理、功能单一的模块，建立系统的模块结构图。

3.4.2 总体结构设计工具——SC

结构化设计方法提出了一种图形工具——SC（Structure Chart，结构图），进行软件结构设计。它作为软件文档的一部分，能够描述出软件系统的模块层次结构，清楚地反映出程序中各模块之间的调用关系和联系。SC 的组成符号如表 3-2 所示。

表 3-2 SC 的组成符号

符 号	含 义
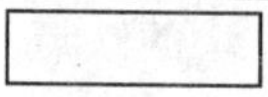	用于表示模块，方框内注明模块的名称
	用于描述模块之间的调用关系
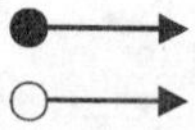	用于表示模块调用过程中传递的信息，箭头上标明信息的名称；箭头尾为空心圆表示传递的信息是数据，若为实心圆则表示传递的是控制信息，如图 3-20 所示
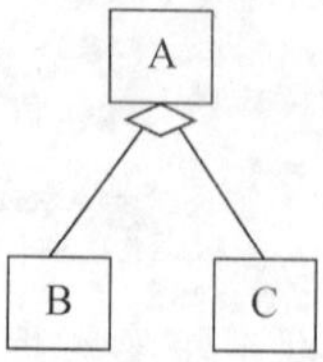	用于表示模块 A 选择调用模块 B 或模块 C
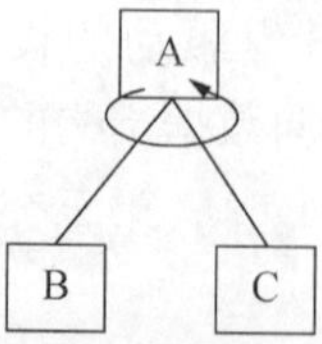	用于表示模块 A 循环调用模块 B 和模块 C

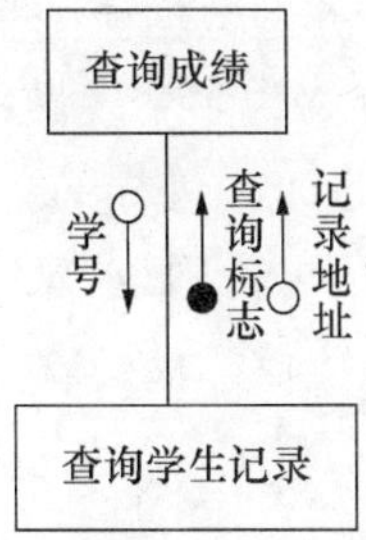

图 3-20　模块间的信息传递

画结构图应注意：同一名字的模块在结构图中仅出现一次。结构图不一定是严格的树形结构图，但调用关系只能从上到下，并且在结构图中不严格表示模块的调用次序，习惯上从左到右。有时为了减少连线的交叉，可适当地调整同一层模块的左右位置，以保持结构图的清晰。

3.4.3　面向数据流的设计方法

1．数据流图的类型

SD 是以数据流图为基础设计系统的模块结构的，不同类型的数据流图设计的过程以及所导出的初始的软件结构不同。不管系统的数据流图如何庞大和复杂，一般均可分为变换型、事务型和变换/事务混合型。

（1）变换型。变换型的数据流图是一个线形结构，由输入、变换和输出三部分组成，如图 3-21 所示。该类型的数据流图所描述的加工过程为：首先，外部数据沿逻辑输入路径进入系统，同时数据的形式由外部形式转化为内部形式；其次，数据被送往变换中心进行加工处理；最后，经过加工得到的结果数据的内部形式被转换为外部形式并沿逻辑输出路径离开系统。可以看出，变换型数据流图反映的是一个顺序结构的加工过程。

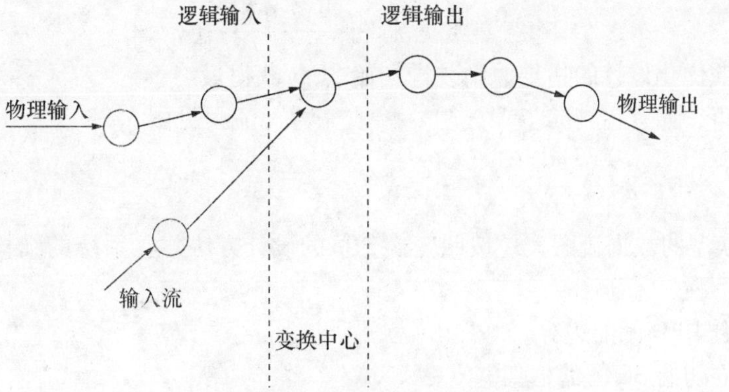

图 3-21　变换型数据流图

（2）事务型。原则上，所有基本系统模型都属于变换型，但其中有一类具有特殊形态的数据流图又单独划分为事务型。事务型数据流图呈现出的结构特点为：输入流经过某个被称为“事务中心”的加工时，被分离为多个发散的输出流，形成多个平行的加工处理路径，如图3-22所示。该类型所描述的加工过程为：首先，外部数据沿输入通路进入系统后，被送往事务中心；其次，事务中心接收输入数据并分析确定其类型；最后，根据所确定的类型为数据选择其中的一条加工路径。

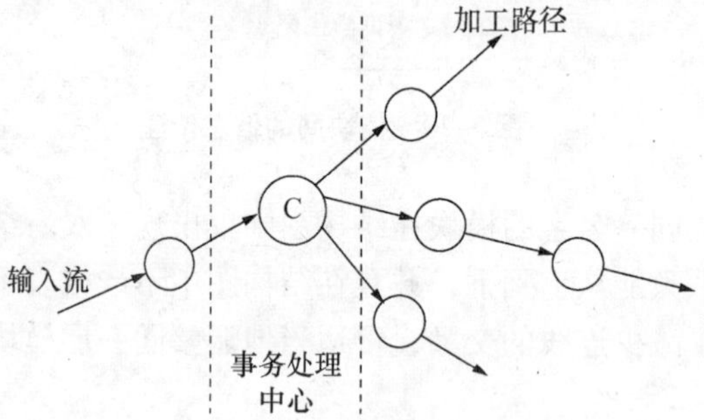

图3-22 事务型数据流图

2. 设计过程

面向数据流设计方法的过程如下：

（1）复审数据流图，必要时可再次进行修改或细化；

（2）鉴别数据流图的类型，确定它所代表的软件结构是属于变换型还是事务型；

（3）按照SD规定的一组规则，把数据流图转换为初始SC。

SD提出了两种映射方法——变换映射（Transform Mapping）与事务映射（Transaction Mapping），能把数据流图方便地转换为初始SC。前者适用于数据流图中的变换型结构，后者适用于数据流图中的事务型结构。

$$\text{变换型数据流图} \xrightarrow{\text{变换分析}} \text{初始 SC}$$

$$\text{事务型数据流图} \xrightarrow{\text{事务分析}} \text{初始 SC}$$

（4）按照优化设计的指导原则改进初始SC，获得最终SC。

（5）复审，如有错转向步骤（3），修改完善（流程见图3-23）。

3. 变换分析

对于变换型的数据流图，应按照变换分析的设计方法建立系统的结构图。变换分析的3点主要步骤是：

（1）划分DFD图的边界。

（2）建立初始SC图的框架。

（3）分解SC图的各个分支。

下面举例说明变换映射的具体做法。

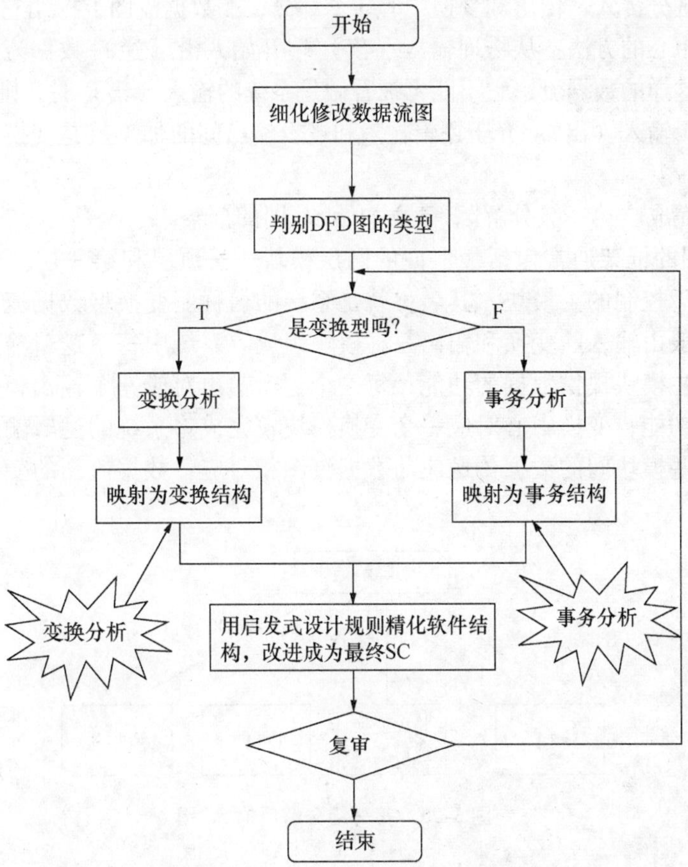

图3-23　面向数据流的设计过程

【例 3-1】　用变换分析方法从图 3-24 导出相应的初始 SC，假设该图已经过细化与修改。

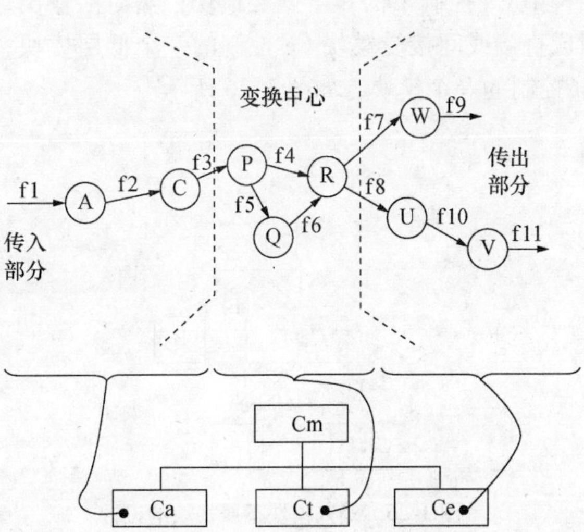

图 3-24　在数据流图上划分传入、传出和中心加工部分

第一步：区分传入、传出和变换中心 3 个部分，在数据流图上标明它们的分界线。

确定变换中心的方法：从物理输入（出）端开始，沿（逆）数据流方向向系统中心寻找，直到有这样的数据流，它不能再被看做是系统的输入（出）时，则它的前一数据流就是系统的逻辑输入（出）。介于逻辑输入和逻辑输出间的加工就是变换中心，如图 3-24 所示。

第二步：完成“第一级分解”，建立初始 SC 图的框架。

初始 SC 图的框架通常包括最上面的两层模块——顶层和第一层。任何系统顶层都只含有一个用于控制的主模块，其名称就是系统的名称。变换型数据流图对应的软件结构的第一层一般由输入、变换和输出三种模块组成。系统中每个逻辑输入对应一个输入模块，完成为主模块提供数据的功能；每一个逻辑输出对应一个输出模块，完成为主模块输出数据的功能；变换中心对应一个变换模块，完成将系统的逻辑输入转换为逻辑输出的功能。这些模块间的数据传送应与数据流图相对应，数据流图的变换结构如图 3-25 所示。

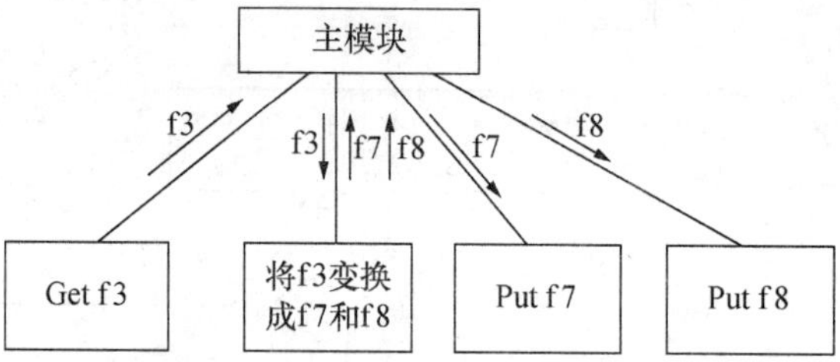

图 3-25　第一级分解后的 SC 图

第三步：完成“第二级分解”，设计输入、变换中心和输出部分的中、下层模块。

所谓第二级分解就是把数据流图中的每个处理映射成软件结构中一个适当的模块。完成第二级分解的方法是，从变换中心的边界开始沿着输入通路向外移动，把输入通路中每个处理映射成软件结构中 Ca 控制下的一个低层模块；然后沿输出通路向外移动，把输出通路中每个处理映射成直接或间接受模块 Ce 控制的一个低层模块；然后把变换中心内的每个处理映射成受 Ct 控制的一个模块，如图 3-26 所示。

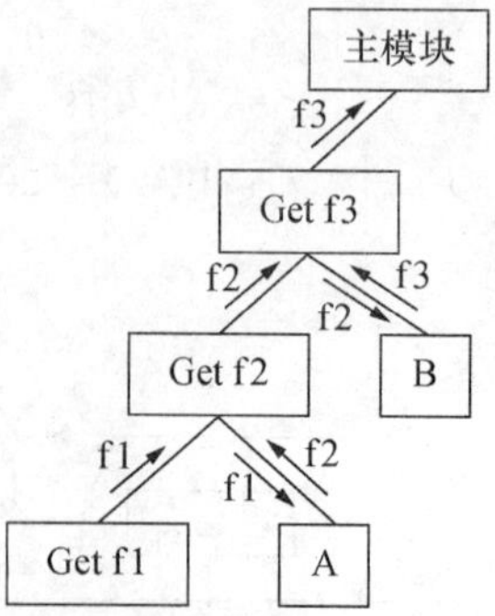

图 3-26　输入模块下属模块的设计

将图 3-26、图 3-27 与图 3-28 合并在一起，就可以得到本例的初始 SC，如图 3-29 所示。

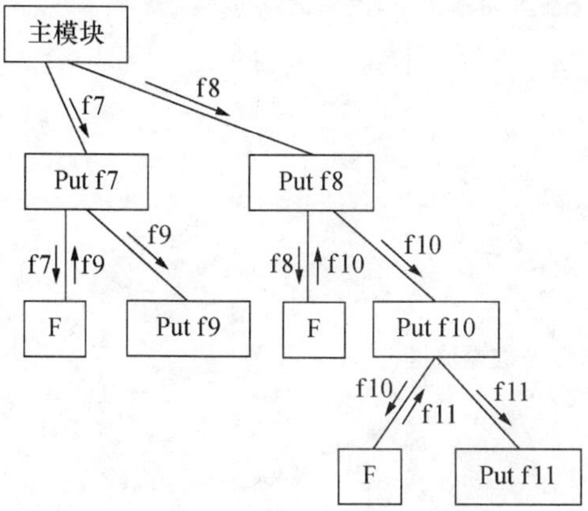

图 3-27　输出模块下属模块的设计

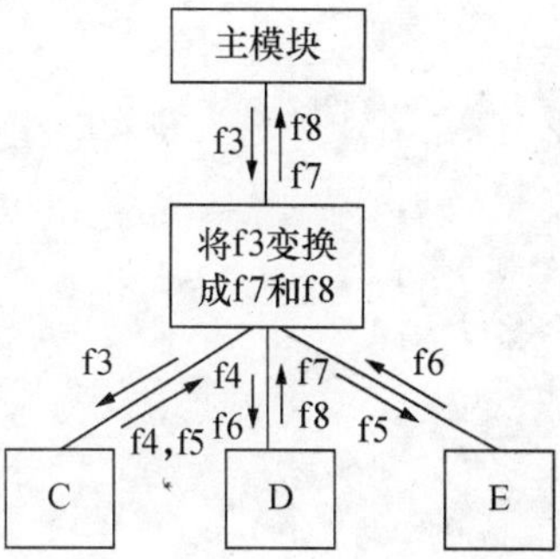

图 3-28　变换中心下属模块的设计

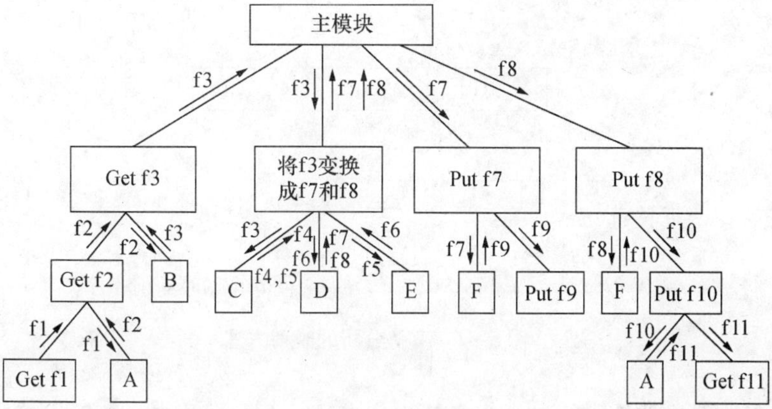

图 3-29　初始 SC

4．事务分析

与变换分析一样，事务分析也是从分析数据流图开始，自顶向下，逐步分解，建立系统结构图，主要差别仅在于由数据流图到软件结构的映射方法不同。下面给出一个典型的具有事务型特征的数据流图（如图 3-30 所示）。

图中数据流 A 是一个带有“请求”性质的信息，即事务源。而加工 T 则具有“事务中心”的功能，它后续的三个加工 L、M、N 是并列的，在加工 T 的选择控制下完成不同功能的处理。最后，将某一加工处理结果整理输出。

下面以事务型数据流图（如图 3-30 所示）为例，说明对其进行事务分析，得到了如图 3-31 所示的软件结构。其设计过程如下：

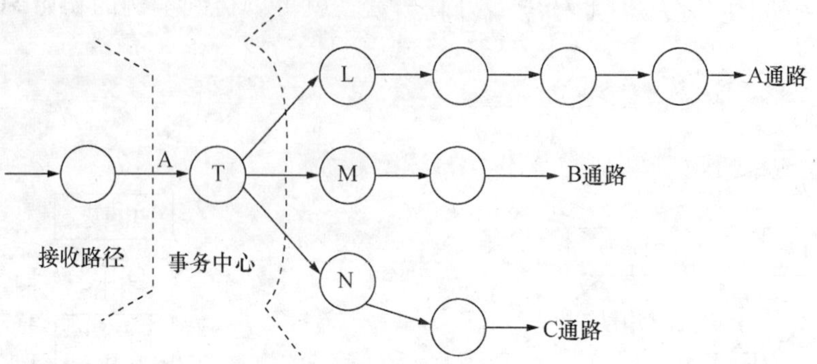

图 3-30 事务型数据流图

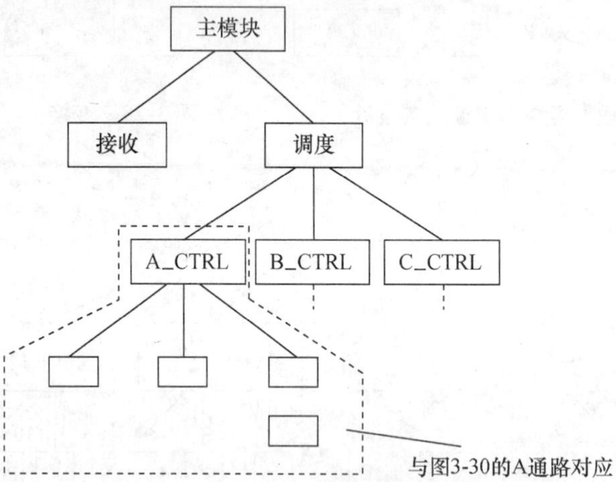

图 3-31 事务分析的映射方法

由事务流映射成软件结构包括一个接收分支和一个发送分支。映射出接收分支结构的方法和变换分析映射出输入结构的方法很相像，即从事务中心的边界开始，把沿着接收流通路的处理映射成模块。发送分支的结构包括一个调度模块，它控制下层的所有活动模块；然后把数据流图中的每个活动流通路映射成与它的流特征相对应的结构。

对于一个大系统，常常把变换分析和事务分析应用到一个数据流图的不同部分，由此得到的子结构形成“构件”，可以利用它们构造完整的软件结构。

一般说来，如果数据流不具有明显的事务特点，最好使用变换分析；反之，如果具有明显的事务中心，则应该采用事务分析技术。但是，机械地遵循变换分析或事务分析的映射规则，很可能会得到一些不必要的控制模块，如果它们确实用处不大，那么应该把它们合并。反之，如果一个控制模块功能过分复杂，则应该分解为两个或多个控制模块，或者增加中间层次的控制模块。

5. 结构设计的优化原则

把初始 SC 变成设计文档中的最终 SC，需要进一步细化和改进。下面主要介绍用于优化软件结构设计的指导规则。

（1）降低模块的耦合性，提高模块的内聚性。为了提高软件中各个模块的独立性，提高程序的可读性、可测试性和可维护性，在软件体系结构设计时应尽可能采用内聚性高的模块，如最好实现功能内聚；尽量只使用数据耦合，限制公共环境耦合的使用，避免控制耦合的使用，杜绝内容耦合的出现。

（2）保持适中的模块规模。模块的大小是指源程序的行数，适当地控制模块的大小也是降低复杂性的手段之一。一般来说，模块大小以 1 ～3 页为宜（约 50 ～100 行），这样比较易于阅读、易于理解。

对篇幅较大的模块，应该检查一下它是否包含了好几个功能，是否可以从中分离出一些功能来构成同层或下一层的其他模块。

对篇幅较小的模块，可以考虑是否同它的调用模块合并。

（3）模块应具有高扇入和适当的扇出。在模块调用中，某个模块的上级模块数被称为该模块的扇入（如图 3-32（a）所示）；而某个模块可以调用的下级模块数被称为该模块的扇出（如图 3-32（b）所示）。显然，一个模块的扇入表明了共有多少个模块需要调用该模块，而其扇出表明了该模块可以控制的下级模块的数目。

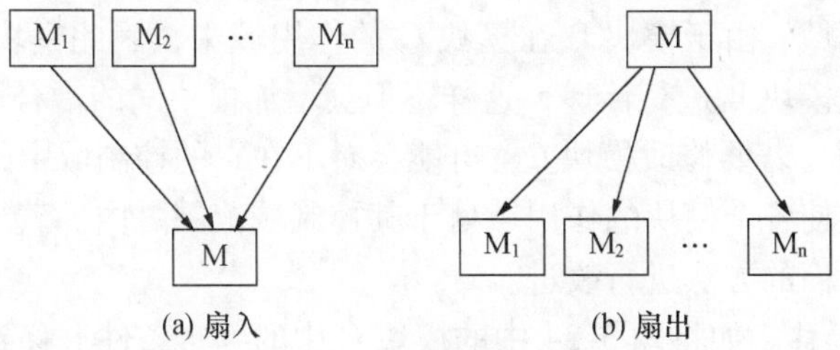

图 3-32　模块的扇入和扇出

模块的扇入越大，则说明共享该模块的上级模块数越多，或者说该模块在程序中的重用性越高，这正是程序设计所追求的目标之一。当多个模块具有一部分相同的功能时，应将这部分相同的功能分离出来，编写成独立的模块，供需要的模块调用。通过消除不同模块中的重复内容，提高代码的可重用性，可以减少程序的总代码量，便于程序的测试和维护。

模块的扇出若过大，如在一个模块中要调用 8 个下级模块，则会使该模块的调用控制过于复杂。这种现象发生的原因通常都是由于设计阶段在模块细化的过程中，分解速度过快造成的。最常见的解决办法是通过在此模块和下级模块间增加一个中间层来控制模块的分解速度。模块的扇出过小，如扇出为 1（下级模块层中只有 1 个模块），在系统设计中通常是不可取的。常见的解决方法是将其合并到上级模块中。但若合并会影响模块的独立性，则将其保留下来也未尝不可。根据实践经验，设计良好的典型系统中，模块的平均扇出通常为 3 或 4。

可以看出，在一个好的软件结构中，模块应具有较高扇入和适当的扇出。但绝不能为了单纯追求高扇入或合适的扇出而破坏了模块的独立性。此外，经过对大量软件系统的研究后发现，在设计良好的软件结构中，通常顶层的扇出数较大，中间层的扇出数较小，底层的扇入数较大，如图 3-33 所示的瓮型结构。

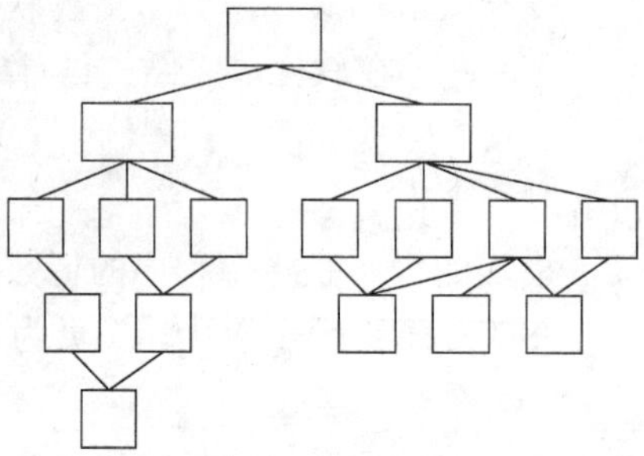

图 3-33　瓮型结构

（4）模块的作用域应处于其控制域范围之内。模块的作用域是指受该模块内一个判定条件影响的所有模块范围。模块的控制域是指该模块本身以及所有该模块的下属模块（包括该模块可以直接调用的下级模块和可以间接调用的更下层模块）。例如，在图 3-34 中，模块 C 的控制域为模块 C、E 和 F；若在模块 C 中存在一个对模块 D、E 和 F 均有影响的判定条件，即模块 C 的作用域为模块 D、E 和 F（图中带阴影的模块），则显然模块 C 的作用域超出了其控制域。由于模块 D 在模块 C 的作用域中，因此模块 C 对模块 D 的控制信息必然要通过上级模块 B 进行传递，这样不但会增加模块间的耦合性，而且会给模块的维护和修改带来麻烦（若要修改模块 C，可能会对不在它的控制域中的模块 D 造成影响）。因此，软件设计时应使各个模块的作用域处于其控制域范围之内。若发现不符合此设计原则的模块，可通过下面的方法进行改进。

① 将判定位置上移。如将图 3-34 中的模块 C 中的判定条件上移到上级模块 B 中或将模块 C 整个合并到模块 B 中。

② 将超出作用域的模块下移。如将图 3-34 中的模块 D 移至模块 C 的下一层上，使模块 D 处于模块 C 的控制域中。

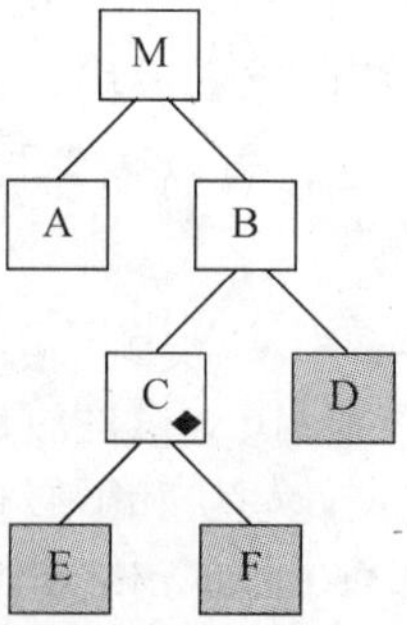

图 3-34　模块的作用域和控制域

（5）力争降低模块接口的复杂性。由于复杂的模块接口是导致软件出现错误的主要原因之一，因此在软件设计中应尽量使模块接口简单清晰，如减少接口传递的信息个数以及确保实参和形参的一致性和对应性等。降低模块的接口复杂度，可以提高软件的可读性，减少出现错误的可能性，并有利于软件的测试和维护。

3.5　面向对象的设计方法

面向对象系统是由一组交互的对象组成，每个对象均具有自身的局部状态和施加的操作。面向对象的设计（Object-Oriented Design，OOD）过程采用协作的对象、对象的属性和方法说明软件方案。面向对象的分析过程中，主要确定表示业务领域内的实际数据的对象，这些对象称为实体对象。在面向对象的设计过程中，继续提炼这些实体对象，建立对象之间更深层次的关系，设计对象类和这些对象类之间的关系。在面向对象的设计过程中对象具有依赖与继承特性，所有活动都是交替进行，随着系统体系结构的定义，对象被识别，接口给予相应的定义，进一步绘制出对象模型，如图 3-35 所示。

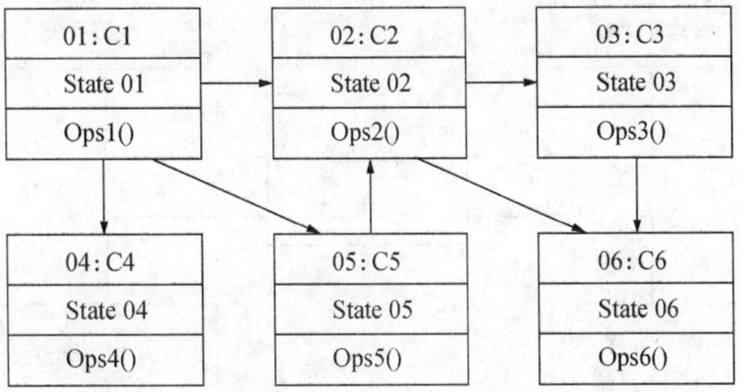

图 3-35　交互式对象模型

通过对象模型描述可以达到在执行系统过程中动态创建对象或对象类，能够适应不同执行环境的设计。面向对象的系统更容易实现变更，将独立的对象当做独立的实体去理解和修改，变更对象的实现或修改相应的操作都不会影响系统中的其他对象。因此，面向对象的设计任务需要完成三方面的内容。

（1）系统整体设计。主要完成系统整体结构的设计，包括子系统所应具有的任务和子系统之间的关系。

（2）对象设计。对类和对象模型描述具体化，包括每个对象和类的属性和操作，并为对象和类的属性提供内部数据结构。

（3）消息设计。使用对象之间的协作和行为模型，设计出消息模型。

下面将按照设计所需要完成的任务给出相应的表示模型。

3.5.1　面向对象的设计模型

设计模型是从分析模型导出的，对系统中包含的对象或对象类以及它们之间的不同类型关系进行详细描述。通常对分析模型中的用例模型、对象关系、行为模型等做进一步的分析构造。设计模型应该完成三个方面任务，如系统整体划分子系统的设计、类和对象的设计以及消息设计等方面。对系统整体划分子系统的设计采用了系统上下文模型，可以对用例进行分类管理，达到子系统的划分；对类和对象的设计使用对象模型，体现对象和类本身的属性和行为操作，也明确对象和类之间的继承特性；对消息的传递方式通过分析对象之间接口，描述了对象的消息设计。

1. 系统上下文模型

软件设计过程需要建立待开发系统和外部环境之间的关系，有利于进一步分析系统所需要的功能，以及有效地了解与外围环境所需要进行的数据通信。通过系统上下文模型，描述了环境中的其他系统。当设计完软件系统中的交互和定义了系统的环境后，就可以将这些信息作为系统体系结构的基础。如图 3-36 所示为政府政务办公自动化系统的上下文模型。

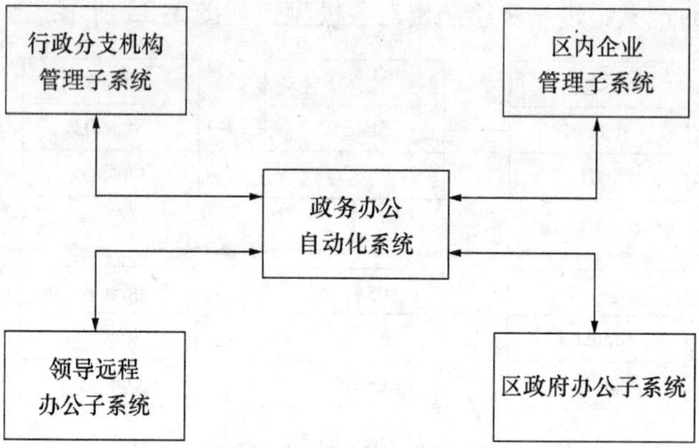

图 3-36 政务办公自动化系统的上下文模型

在信息化建设的整体控制和规划过程中，很多城市建立自己的政务办公自动化系统，既要对政府内部政要进行信息化管理，同时也要与外围的区政府部门、其他企业建立关联，提高政府办公效率，展示现代化的办公特点。

2. 对象层次模型

对象类由泛化层次结构或继承层次结构来描述一般和具体对象类之间的关系。泛化使用继承机制来实现。子类继承父类的属性和操作。

3.5.2 面向对象的设计过程

面向对象的设计过程主要依据面向对象分析过程中所获得的系统对象类/对象实例，进一步构造对象类之间的关系，细化对象类的属性和操作，以及对象之间的消息传递过程。因此，一般的面向对象设计的过程有以下几个阶段。

- 定义系统上下文和系统与外界系统的交互；
- 设计系统的体系结构；
- 识别出系统的主要对象；
- 构造系统的设计模型；
- 描述系统的对象接口。

以上的面向对象的设计过程仍然遵循系统设计过程必须完成的五大方面内容，从系统的体系结构、接口设计到数据结构设计、算法设计和界面设计，遵循了从整体设计到详细设计的过程。以下结合实例就所给出的面向对象设计过程的五个步骤加以说明。

1. 定义系统上下文模型

软件的设计首先从系统的整体结构和分布进行设计，建立系统与外界环境之间的关系，有效地实现系统和外部环境之间的通信联系，以及将系统分解为多个子系统，给出子系统之间的访问关系，进一步获得子系统的详细功能描述。通常采用系统上下文模型描述系统环境中的其他系统和子系统的划分。系统上下文模型使用方框图表示系统总的体系结构，如智能小区物业管理系统中系统上下文模型，如图3-37所示。

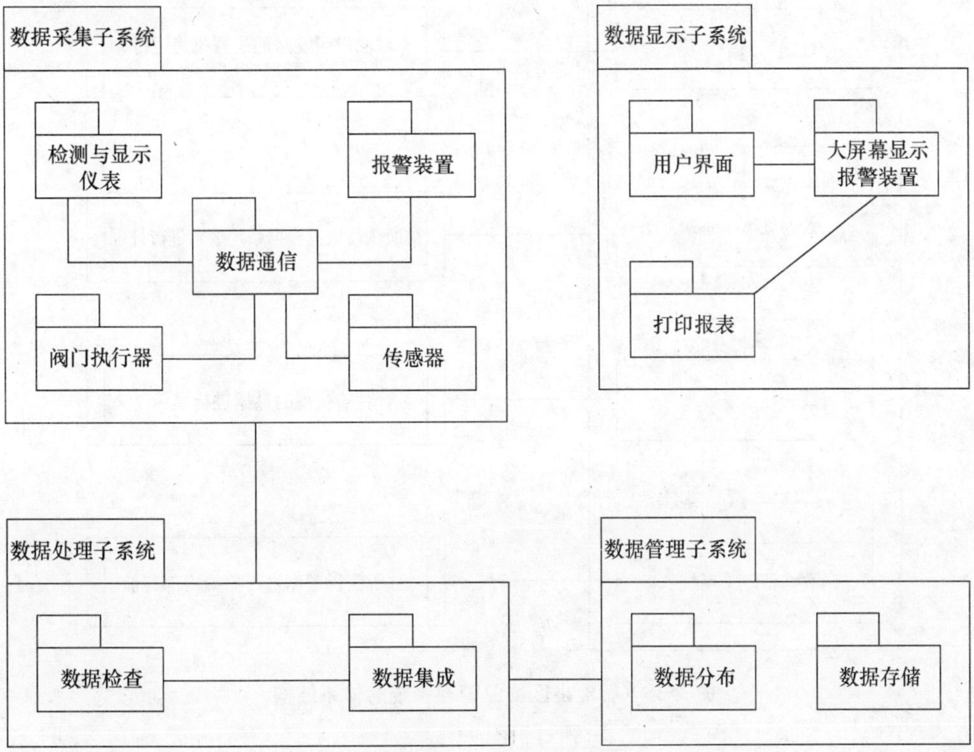

图3-37　智能小区物业管理系统的上下文模型

使用系统上下文标识外部系统。标识了外部组织后，系统上下文将标识具体的IT系统和应用程序，系统将与其进行交互来接收和发送信息。要对每个外部组织进行相同的处理，所获得的全部信息一起构成了系统级别的视图，可表明需要将哪些外部系统纳入整体解决方案的范畴。系统上下文提供了业务上下文的分解，并提供了对业务上下文信息的可跟踪性。系统上下文帮助标识构建完整的解决方案所需的一些主要体系结构构件。待构建系统与每个外部系统之间的信息流为信息模型提供了关键输入。外部系统的特征决定了对可促进技术集成的适配器的需求。

2. 设计系统的体系结构

利用系统上下文描述的系统与外界环境的关系，以及系统内部分解获得的子系统和子系统之间的关系，可以形成系统的体系结构，给出每一个子系统所要完成的任务和在整个系统中所处的位置。同样根据智能小区物业管理系统给出相应的系统体系结构，如图 3-38 所示。

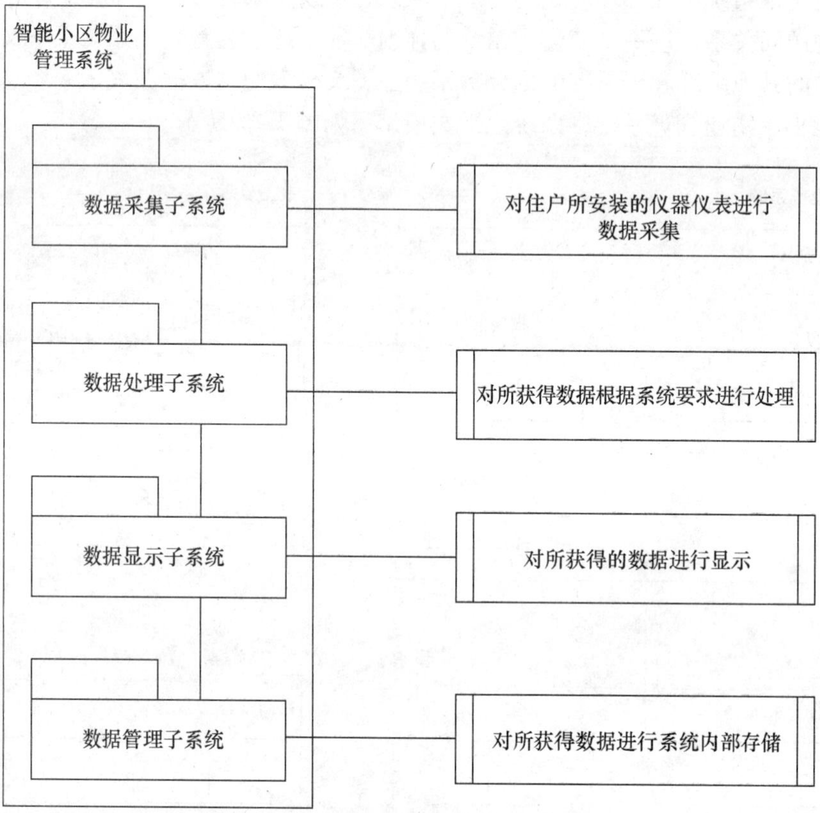

图 3-38 智能小区物业管理系统的体系结构

根据系统上下文模型的划分，形成系统的整体分布层次结构，描述了系统的组成实体，由四部分组成，每一部分所应该完成的功能以及各部分之间的执行顺序。系统首先进行数据采集，获得目前住户各种仪表，如煤气表、电表、水表和热表等的基本数据值，也可以获得各种控制执行器的工作状态等相关信息，这些数据都是通过传感器获得的信息，需要通过数据处理子系统将原始数据转化成计算机系统能够接收和存储的数据解释，并对系统可能采取的操作给予相应的命令。通过数据显示子系统将经过处理的数据在系统用户界面中显示，也可以采用大屏幕的方式给出实时的显示，对所获得的数据及时分配和存储。这一系列的过程可以通过简单的体系结构图给予相应的描述。

3. 识别出系统的主要对象

在面向对象的设计过程中，识别出系统的对象是一个重要环节。如何识别并获得更多和可能的对象和类，有以下一些建议：

（1）对系统的描述进行文法分析，对象和属性是名词，操作或服务是动词。可以根据词性直接划分对象和属性。

（2）对应用领域中的真实实体、事件、事务、职务、组织机构、位置等均可划分为对象。

（3）对系统中的行为进行分析，将行为的参与者视为实体。

（4）分析系统运作过程中的描述识别对象、属性和操作。

这些方法有助于对象识别。在实际应用过程中，需要综合使用许多知识来发现对象和对象类。可以从系统的非形式化描述中识别出对象和操作，运用领域知识和系统运作过程的描述细化和扩展对象。如学生选课系统，可以构造出比较典型的对象和对象类，以及相应的属性和操作，如图 3-39 所示。

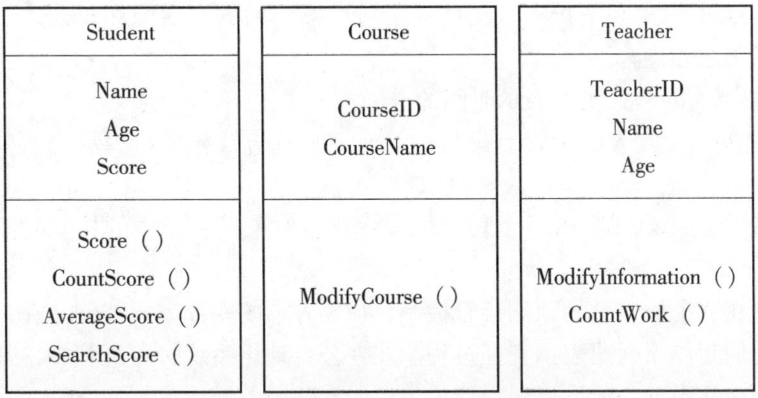

图 3-39　学生选课系统的对象类实例

在设计过程中需要使用应用领域的知识来识别更多的对象和服务。在这个例子中，可以通过学校教学管理的特殊性，进一步得到其他的对象，如学生的成绩、学生管理守则、教师的职称、科研工作量、教学工作量、课程的学时、课程的教学大纲、实验大纲等都具有教学的特殊性，既可作为对象出现，也可以作为其他对象的属性出现。

4. 构造系统的设计模型

设计模型是对系统中包含的对象或对象类以及对象类之间的关系进行的描述。设计模型搭建了系统需求分析和系统设计的桥梁，同时也为系统的实现提供了详细的说明。因此，设计模型给出不同层面的细节和不同角度的描述。一般分为以下两种。

（1）静态模型。通过系统对象类及对象类之间的关系来描述系统的静态结构，给出系统对象类之间存在泛化关系、聚类关系、使用关系等。采用上下文子系统模型，可参见系统上下文模型的实例。

（2）动态模型。描述系统的动态结构和系统对象之间的交互，包括对象请求的服务序列、系统状态与对象交互之间的关联方式。采用序列图、状态图表示。序列图是一种动态模型，记录所发生的对象交互的序列，描述交互过程中对象的执行顺序和对象之间的交互信息。如办公自动化系统的打印文件过程，如图 3-40 所示。

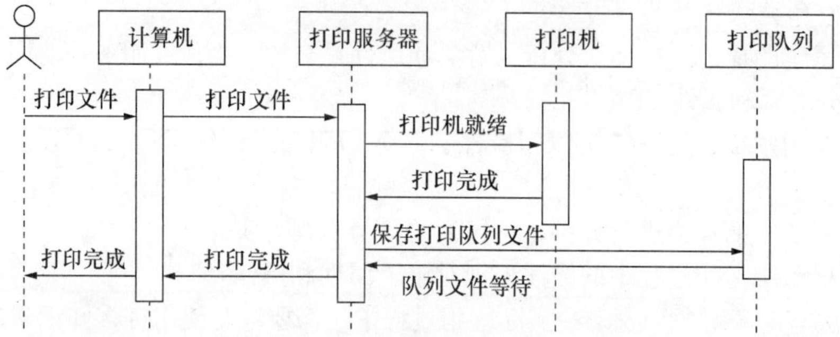

图 3-40 办公自动化系统的打印文件过程

在这个序列模型中：

① 参与交互的对象水平排列，这些对象可以按访问的先后顺序排列，每个对象有一条垂直的线条与之相连；

② 在对象下面的垂直线上表示时间的进展；

③ 对象之间的交互表示为带有标号的箭头，与垂直线相连，表示交互中的基本信息或事件；

④ 每个对象的垂直线上由一个长方形表示这个对象在系统中的控制时间，或执行的持续时间。

一个对象在这个长方形的顶端接管控制，在长方形的底部完成控制。在记录交互过程中对每一个用例制作序列图表示交互过程。在办公自动化系统打印过程中，外部对象向计算机请求打印文件服务，计算机获得请求之后向打印服务器请求打印文件，打印服务器询问打印机是否就绪，如果打印机在可以打印状态时立即打印，返回打印完成；如果打印机在忙状态，则把打印文件送入打印队列等待，一旦打印机空闲，将打印文件返回到打印服务器，打印服务器完成打印文件，将打印完成返回到计算机，计算机同时也将打印完成返回给打印请求者。

序列图用来对一群对象的组合行为建模，而对不同事件的响应行为，可以使用状态图表示对象实例如何依照接收的事件来改变状态。如电梯控制系统的对象状态转换图，如图 3-41 所示。

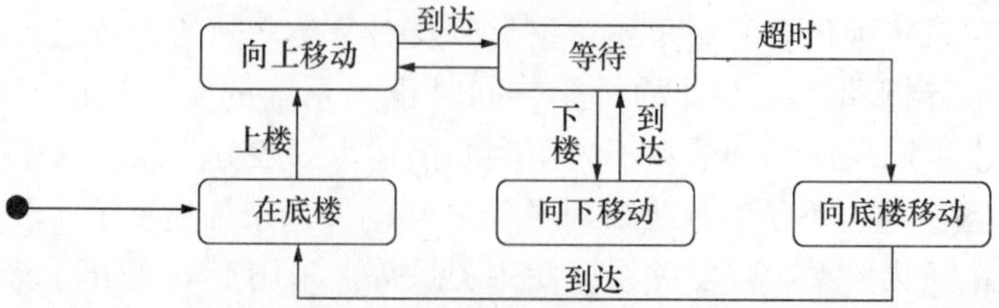

图 3-41 电梯控制系统的对象状态模型

状态模型用方框图表示当前所处的状态，首先电梯从黑点的开始状态启动，电梯开始在底楼执行上楼，表现向上移动状态，在到达相应楼层时处于等待状态，可以设定当超过一定时间时，让电梯直接回到底楼，也可以从等待状态表现为向下移动状态。状态图体现了系统状态转换的过程，有利于理解系统的事件响应过程。

5．描述系统的对象接口

面向对象的设计需要对对象之间的接口进行描述，提供对象操作来访问对象，详细描述对象接口的细节，需要定义服务的语义。一般采用程序设计语言来定义接口，如电梯控制系统的状态转换，可以采用程序语言描述，如图 3-42 所示。

```
Interface Elevator{
    Public void elevator();
    Public void startup();
    Public void bottom();
    Public void moveup();
    Public void movedown();
    Public void waiting();
    Public void shutdown();
}
```

图 3-42　电梯控制系统状态转换的接口描述

用计算机语言描述对象的操作和操作中所需要的接口参数，可以直观地描述接口信息。

3.6　数据设计

3.6.1　数据设计的目的

一个软件系统必定包括两方面的内容：数据以及对数据的加工。在需求分析过程中对数据的要求进行分析，包括系统要处理哪些数据、数据之间有什么联系、数据本身有什么性质等要求，也分析了对数据进行什么样的加工要求；而在设计过程中，主要设计数据的结构，完成数据存储的过程设计。如图 3-43 所示，描述了软件分析过程和设计过程在数据表示方面的关系。

通过系统分析获得用户对数据的要求和对数据的加工说明，再经过系统设计过程形成数据的存储结构和相应的处理的程序结构，根据设计内容进行软件程序的实现，并给出数据的说明。因此，数据设计是将用户的数据表示转化成编码的数据模型，构成系统实现的核心设计。在数据设计过程中充分考虑数据存储与程序处理过程的密切关系，同时存在数据属性之间的关系。因此，对复杂数据的复杂关系的分析和建模是数据设计的关键。数据建模是系统内部的静态数据结构，它将完成概念数据模型到物理数据模型的转换，描述的主要工具是 E-R 图。

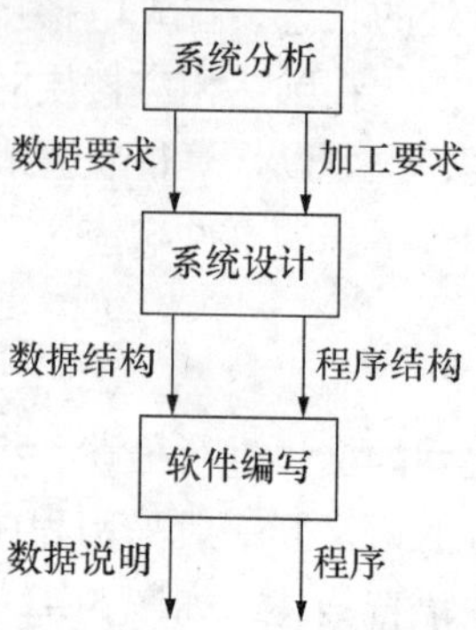

图 3-43 数据处理过程的关系

3.6.2 数据表示模型 ERD

数据设计进行的是逻辑设计，描述的主要工具是 ERD（Entity- Relationship Diagram，实体-关系图）它是由 P. Chen 提出的，是一个面向问题的概念性数据模型，它可以对现实世界中实体进行描述并形成数据对象，数据对象是现实世界中省略了功能和行为的实体。E-R 模型由三个部分组成：实体、联系和属性。ERD 利用符号记法按照数据描述的实体和关系来刻画数据的数据模型。

1. 实体

现实世界中存在的数据对象，客观世界存在的人或事物，抽象地表示一组类似事物的所有实例，将其称为实体，它可以表示系统相关事物的数据。例如，在学校校园网系统中，包括各种事物的数据，学生、教师、校园、课程、教室、成绩、宿舍等信息都可以作为实体。实体用方框表示。如学生选修课程，如图 3-44 所示，表示一名学生可以选修多门课程，一门课程可能没有学生选修，也可能有多名学生选修，形成学生和课程两个实体之间存在的关系。

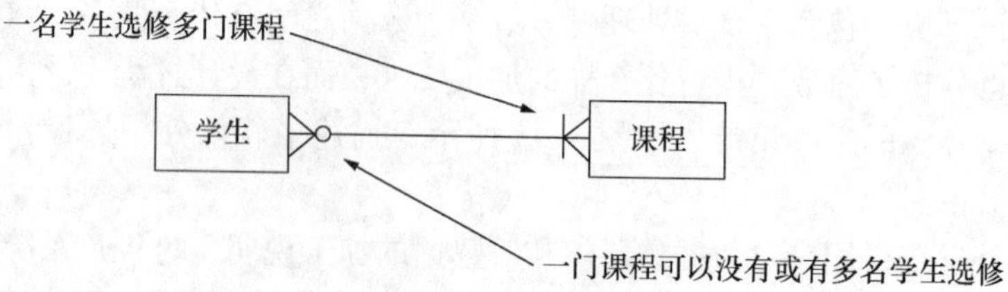

图 3-44 实体的表示形式

实体代表了一类事物的总称，可以针对某个具体情况，构成实体的实例，如学生实体，代表了全体学生，其中某名学生，如张三，是学生实体中的一员，是实体的具体数值。

2. 联系

实体之间存在的关系称为联系。它们各自代表了事物相互交互，互相影响，共同支持的工作过程，是实体之间的自然业务联系。如图 3-44 中箭头的表示，学生与课程之间存在选修课程的联系。存在双向的联系，可以从两个方面解释。在 E-R 图中，联系用连接实体的菱形框表示。如可以将图 3-44 增加联系的表示，如图 3-45 所示。

图 3-45　实体联系的表示形式

联系分为几种形式：一对多（0/1∶N）、多对多（N∶M），如图 3-46 所示。

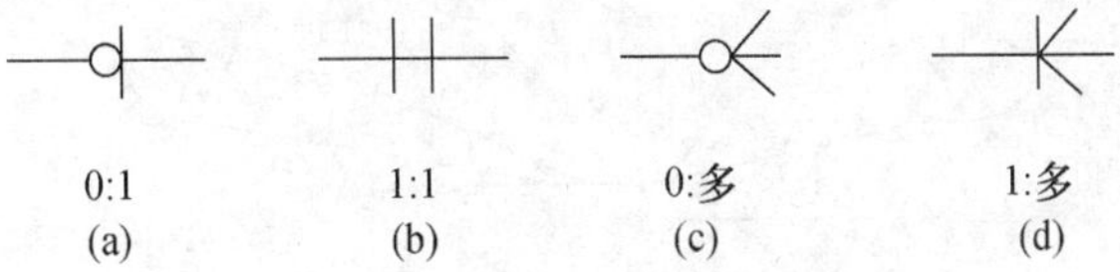

图 3-46　联系的 4 种表示形式

如教师和课程可以是一对多，表明一名教师可以讲授多门课程，每门课程只能由一名教师讲授；学生和课程之间的关系可以是多对多的关系，一名学生可以选修多门课程，一门课程可以有多名学生选修。联系也可以在三个及以上实体之间存在。如某公司分配项目和员工到不同区域构成一个项目组进行实施，存在项目、雇员和区域的多个实体之间的联系，如图 3-47 所示。

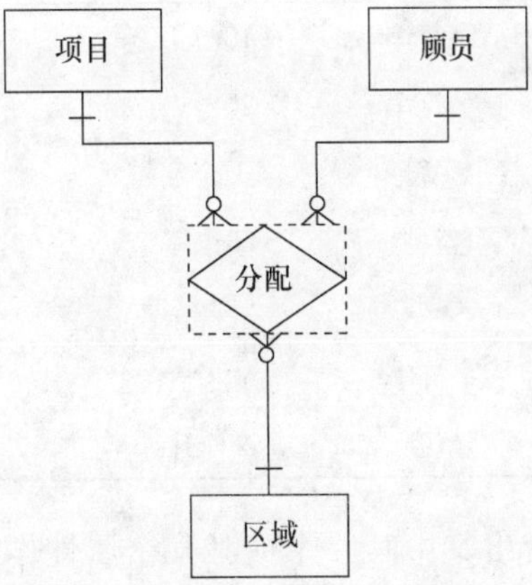

图 3-47　多个实体之间的联系

分配联系匹配项目、雇员和区域实体，对应的分配联系需要包含项目、雇员和区域的多个实例。

3. 属性

实体或联系的性质就是属性。实体具有相关的属性，来进一步刻画实体，这样的属性很多，如命名实体的属性、对数据对象进行性质描述，或者可以将自身与其他数据对象的实例关联起来。因此，根据实体需要存储的相关的数据就是属性。如学生实体的实例中每名学生需要保存学生的特定信息，可以定义相关的一些属性，包括学号、姓名、性别、年龄、成绩、家庭住址、电话号码等信息，如图 3-48 所示。也可以由多个单一属性构成组合属性，如学生的出生年月日，包括年、月、日三类数据组成。E-R 图中用圆圈表示属性名称，用连线连接实体和属性。另外，联系也有属性，如学生选修课程所获得的成绩，成绩是选修联系的属性，依赖于学生和课程。

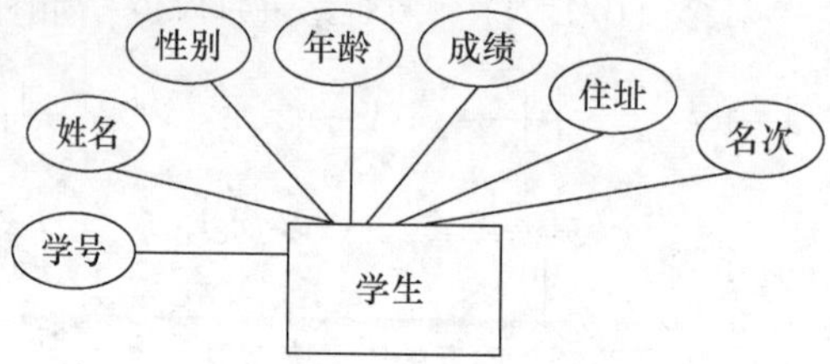

图 3-48 学生实体的属性表示

对数据进行设计时需要对属性定义相应的数据类型和数据值，如学生实体的属性可以表示为如表 3-3 所示。

表 3-3 学生实体属性表

实体名称	实体表示	数据类型	数值长度	取值范围	实例说明
学号	StuID	字符串	10 个字符	有效数字字符	2003040405
姓名	Name	字符串	20 个字符	有效字符	ZhangSan
性别	Gender	字符	1 个字符	F/M	M
年龄	Age	整型	2 个字节	1～100	20
成绩	Score	实型	单精度	0～100	89
住址	Address	字符串	50 个字符	有效字符	Xuefu Road 74
名次	Level	整型	2 个字节	正整数	23

通常在属性设计中也要给出其中某一个或某几个属性作为唯一决定某一个实例的索引，称为主键，在这个例子中，能够唯一决定某名学生的属性只能是学号，不存在相同的学号，可以作为主键。因此，可以在学生实体的属性表中添加一个学号属性。

3.6.3 数据表的表示形式

根据数据模型给出的实体和属性的描述，进一步可以导出相应的数据表。数据表可以从一个 E-R 图开始，用 E-R 模型方法导出关系数据模型，对每个实体和联系建立相应的数据表，如表 3-4 所示。

表 3-4　学生对象数据表

学　号	姓　名	性　别	年　龄	课程成绩
2003040401	王明	M	19	78
2003040402	李奇	F	21	82
2003040403	吴洪	M	18	89
2003040404	赵平	F	19	93
2003040405	张三峰	F	20	90

通过数据表可以表示数据的属性、类别、长度和其他特性。构造数据表的基本步骤为：

（1）确定实体类型，为每一个实体类型建立一张表。

（2）为每个表选择一个主键。

（3）根据 ERD 图中表示的关系为关联的实体增加外部码（即其他数据表中的主键，作为相关的实体的属性）。

（4）对联系实体建立多张表，表示多对多关系。

（5）为每个属性选取适当的数据类型和取值范围。

下面以建立高校教务管理系统为例来说明如何构建数据表。

（1）通过调查分析获得需要进行管理的实体有：学生、课程、教师、院系、教室等，为每个实体建立一张表。即有学生数据表、课程数据表、教师数据表等。

（2）对所需要的实体建立的数据表，分析能够唯一确定一个实例的属性，设其为主键，也可以另外增加属性来决定其唯一性。如学生数据表中采用学号作为主键，课程数据表可采用课程编号为主键，教师数据表可以采用教师编号为主键等。

（3）确定实体之间的联系，在原有属性中增加外部码，有以下几种联系：

- 学生和课程之间存在多对多的联系；
- 教师和课程之间存在一对多的联系；
- 课程和教室之间存在一对多的联系；
- 教师和院系之间存在一对多的联系。

可以在学生数据表中增加课程编号属性，在课程数据表中增加学生编号等。

（4）根据 ERD 表示的实体之间的关系，为存在的多对多联系建立联系数据表。如学生和课程之间存在选修课程的联系，可以建立选修课程数据表，并根据实际需要构造其属性。如选修课程数据表，必须有学生实体中的学号属性、课程实体中的课程编号属性，也可以将选修课程的成绩、学分等信息增加为选修课程的属性。

（5）确定属性是根据实际调查在本系统中将需要加以处理的基本信息进行归属。例如：

- 学生实体的属性有：学号、姓名、性别、出生年月日、民族、家庭住址、政治面貌等基本信息；

- 教师实体的属性有：教师编号、教师姓名、性别、年龄、职称、民族、家庭住址、政治面貌等基本信息；
- 教室实体的属性有：教室编号、教室名称、教室使用状态、容量、位置等；
- 课程实体的属性有：课程编号、课程名称、课时、学分、其他说明等；
- 院系实体的属性有：院系编号、院系名称等。

可以绘制相应的数据表，标明属性的类型、长度、取值范围、主键等信息。

3.7 过程设计

详细设计是软件设计中的第二个阶段，该阶段的主要目的是在总体结构设计的基础上，为软件中的每个模块确定相应的算法及内部数据结构，获得目标系统具体实现的精确描述，为编码工作做好准备。详细设计虽然并没有具体地进行程序的编写，但是却对软件实现的详细步骤进行了精确的描述，因此详细设计基本决定了最终的程序代码的质量。

3.7.1 详细设计的任务

详细设计的任务主要有如下 5 点。

(1) 确定每个模块的具体算法。根据体系结构所建立的系统软件结构，为划分的每个模块确定具体的算法，并选择某种表达工具将算法的详细处理过程描述出来。

(2) 确定每个模块的内部数据结构及数据库的物理结构。为系统中的所有模块确定并构造算法，实现所需的内部数据结构；根据前一阶段确定的数据库的逻辑结构，对数据库的存储结构、存取方法等物理结构进行设计。

(3) 确定每个模块接口的具体细节。按照模块的功能要求，确定模块接口的详细信息，包括模块之间的接口信息、模块与系统外部的接口信息及用户界面等。

(4) 为每个模块设计一组测试用例。由于负责详细设计的软件人员对模块的实现细节十分清楚，因此由他们在完成详细设计后提出模块的测试要求是非常恰当和有效的。

(5) 编写文档，参加复审。详细设计阶段的成果主要以详细设计说明书的形式保留下来，在通过复审对其进行改进和完善后，会作为编码阶段进行程序设计的主要依据。

3.7.2 详细设计的原则

为了能够使模块的逻辑描述清楚准确，在详细设计阶段应遵循下列原则。

(1) 将保证程序的清晰度放在首位。由于结构清晰的程序易于理解和修改，并且会大大减少错误发生的几率，因此除了对执行效率有严格要求的实时系统外，通常在详细设计过程中应优先考虑程序的清晰度，而将程序的效率放在第二位。

(2) 设计过程中应采用逐步细化的实现方法。从体系结构设计到详细设计，本身就是一个细化模块描述的过程，由粗到细、分步进行的细化有助于保证所生成程序的可靠性，因此在详细设计中特别适合采用逐步细化的方法。在对程序进行细化的过程中，还应同时对数据描述进行细化。

【例 3-2】 在一组数中找出其中的最大数。

解：首先，把问题的解答描述为：

第一步：

1. 输入一组数；

2. 找出其中的最大数；

3. 输出最大数。

以上 3 条，第 1、3 条都比较简单，所以下一步主要是细化第 2 条。

第二步：

2.1 任取一数，假设它就是最大数；

2.2 将该数与其余各数逐一比较；

2.3 若发现有任何数大于该假设的最大数，即取而代之。

以上 3 条是第一步中第 2 条分解的结果。把第一步中的第 1 条具体化，同时对 2.1 ～ 2.3 继续进行相应的细化，可得：

1′ 输入一个数组；

  2.1′ 令“最大数” = 数组中的第一个元素；

  2.2′ 从第二个元素至最末一个元素依次做比较；

  2.3′ 如果新元素＞“最大数”

    则“最大数” = 新元素；

3′ 输出“最大数”。

用逐步细化方法设计的程序的优点为：能优先考虑当前最需考虑的地方，先后有序，主次分明，可避免全面开花，顾此失彼；用逐步细化方法设计的程序，由于相邻步之间变化甚小，不难验证它们的内容是否等效，确保了细化过程中的正确可靠。

（3）选择适当的表达工具。在模块算法确定之后，如何将其精确明了地表达出来，对详细设计的实现同样重要。下面一节将介绍几种常用的表达工具，这些工具各有特色，设计人员应根据具体情况选择适当的表达工具。

3.7.3 常用的表达工具

模块内部的处理过程的表示方法称为详细设计的工具，它们可以分为：

- 图形设计工具，利用图形工具可将过程的细节用图形描述出来。
- 表格工具，可以用一张表来描述过程的细节，在表中列出各种可能的操作和相应的条件。
- 语言工具，用某种高级语言（称之为伪码）来描述过程的细节。

不论是哪类工具，对它们的基本要求是：应该能指明控制流程、处理功能、数据组织及其他方面的实现细节，并能提供对设计的无歧义的描述，从而保证在编码阶段的描述迅速地翻译成质量好的程序代码。

目前软件详细设计的工具有很多，本节介绍一些常用的有代表性的详细设计工具。

1. 程序流程图

程序流程图是最早出现且使用较为广泛的算法表达工具之一，能够有效地描述问题求解过程中的程序逻辑结构。程序流程图中经常使用的基本符号如图3-49所示。

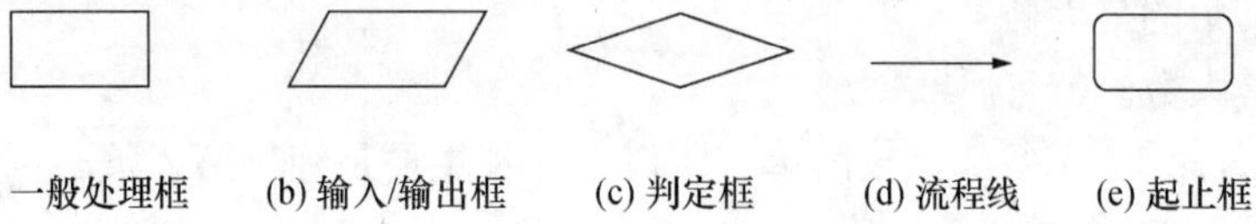

图3-49 程序流程图中的基本符号

程序流程图的主要优点在于，对程序的控制流程描述直观、清晰，使用灵活，便于阅读和掌握，因此在20世纪40年代末到70年代初被普遍采用。但随着程序设计方法的发展，程序流程图的许多缺点逐渐暴露出来。这些缺点主要体现在以下方面：

(1) 程序流程图中可以随心所欲地使用流程线，容易造成程序控制结构的混乱，与结构化程序设计的思想相违背。

(2) 程序流程图难以描述逐步求精的过程，容易导致程序员过早考虑程序的控制流程，而忽略程序全局结构的设计。

(3) 程序流程图难以表示系统中的数据结构。

正是由于程序流程图存在的这些缺点，越来越多的软件设计人员放弃了对它的使用，而去选择其他一些更有利于结构化设计的表达工具，下面所介绍的N-S图和PAD图就是其中的两种图形工具。

2. N-S图

N-S图又称为盒图，它是为了保证结构化程序设计而由Nassi和Shneiderman共同提出的一种图形工具。在N-S图中，所有的程序结构均使用矩形框表示，它可以清晰地表达结构中的嵌套及模块的层次关系。在N-S图中，基本控制结构的表示符号如图3-50所示。

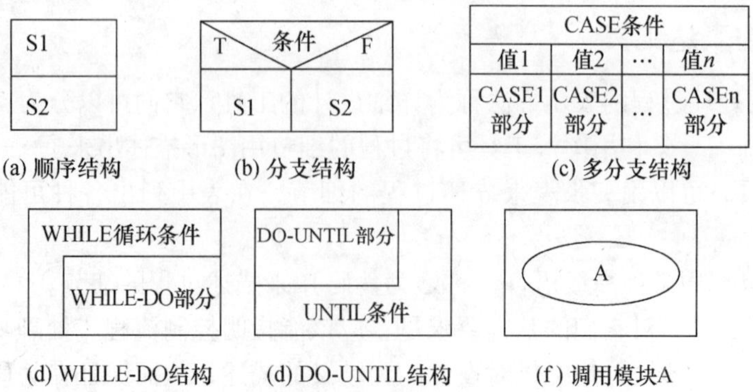

图3-50 N-S图中基本控制结构的表示符号

由于N-S图中没有流程线，不可能随意转移控制，因而表达出的程序结构必然符合结构化程序设计的思想，有利于培养软件设计人员的良好的设计习惯。但当所描述的工序嵌套层次较多时，N-S 图的内层方框会越画越小，不仅影响可读性而且不易修改。

【例 3-3】 在一组数中找出其中的最大数，分别用 N-S 图和程序流程图描述该算法，如图 3-51 和图 3-52 所示。

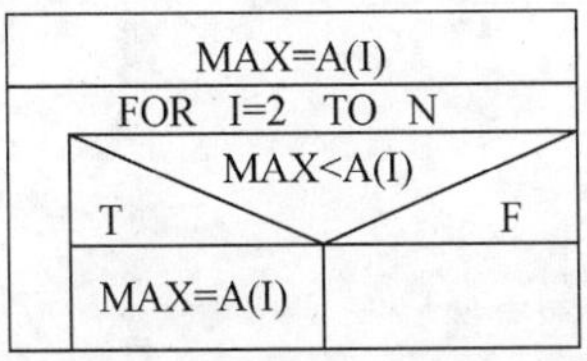

图 3-51 例 3-3 的 N-S 图表述

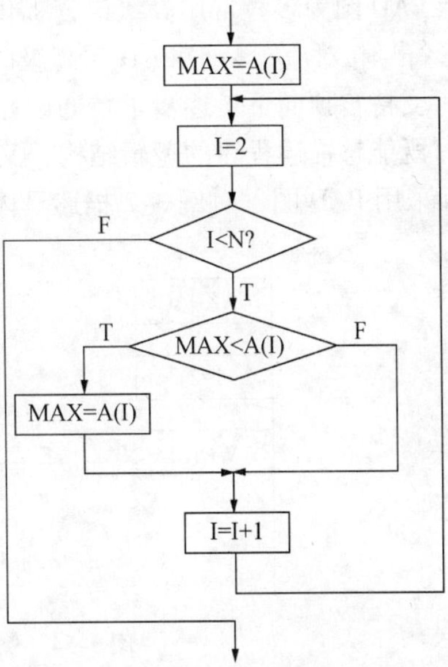

图 3-52 例 3-3 的流程图表述

3. PAD 图

PAD（Problem Analysis Diagram，问题分析图）由日本日立公司在 1973 年提出的，它只能用于结构化程序的描述。PAD 图采用了易于使用的树形结构图形符号，既利于清晰地表达程序结构，又利于修改。PAD 图中所经常使用的基本符号如图 3-53 所示。

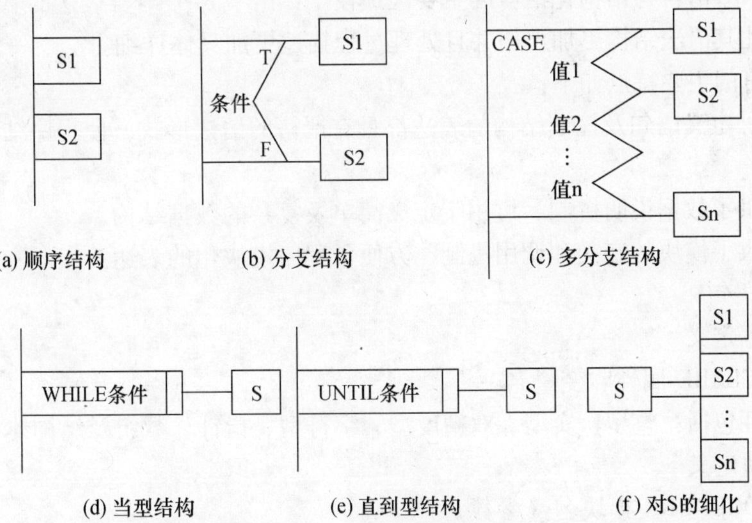

图 3-53 PAD 中的基本符号

PAD 图具有的主要优点如下。

（1）使用 PAD 图描述的程序结构层次清楚，逻辑结构关系直观、易懂、易记、易修改。

（2）PAD 图为多种常用高级语言提供了相应的图形符号，每种控制语句都与一个专门的图形符号相对应，易于 PAD 向高级语言的源程序转换。

（3）支持自顶向下、逐步求精的设计过程。

（4）既能够描述程序的逻辑结构，又能够描述系统中的数据结构。

下面采用 PAD 图，对例 3-2 描述具体的处理过程，如图 3-54 所示。

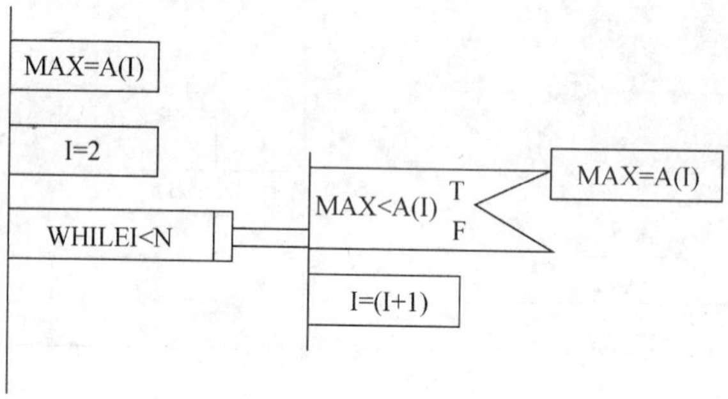

图 3-54　例 3-2 的 PAD 图表述

4. PDL 语言

PDL（Process Design Language，过程设计语言）是一种用于描述程序算法和定义数据结构的伪代码。PDL 语言的构成与用于描述加工的结构化语言相似，是一种兼有自然语言和结构化程序设计语言语法的“混合型”语言。自然语言的采用使算法的描述灵活自由、清晰易懂，结构化程序设计语言的采用使控制结构的表达具有固定的形式且符合结构化设计的思想。PDL 语言与结构化语言的主要区别在于：由于 PDL 语言表达的算法是编码的直接依据，因此其语法结构更加严格并且处理过程描述更加具体详细。

PDL 语言的主要特点如下：

（1）各种定义语句及控制结构的表达都具有严格的语法形式，使程序结构、数据说明等更加清晰。

（2）提供了数据说明机制，可用于定义简单及复杂的数据结构。

（3）提供了模块的定义和调用机制，方便了程序模块化的表达。

- 定义语句

（1）数据定义

DECLARE 属性　变量名……

属性包括：整型、实型、双精度型、字符型、指针、数组及结构体等类型。

（2）模块定义

PROCEDURE 模块名（参数）

⋮

```
RETURN
END
```

- 基本控制语句

（1）顺序结构

顺序结构的语句序列采用自然语言进行描述。

```
语句序列 S1
语句序列 S2
 ⋮
语句序列 Sn
```

（2）选择结构

① IF-ELSE 结构

```
IF 条件
  语句序列 S1
ELSE
  语句序列 S2
ENDIF
或 IF 条件
  语句序列 S
ENDIF
```

② 多分支 IF 结构

```
IF 条件 1
  语句序列 S1
ELSEIF 条件 2
  语句序列 S2
 ⋮
ELSE
  语句序列 Sn
ENDIF
```

③ CASE 结构

```
CASE 表达式 OF
CASE 取值 1
  语句序列 S1
CASE 取值 2
  语句序列 S2
 ⋮
ELSE 语句序列 Sn
ENDCASE
```

（3）循环结构

① FOR 结构

```
DO FOR 循环变量 = 初值 TO 终值
   循环体 S
ENDDO
```

② WHILE 结构

```
WHILE 条件
   循环体 S
ENDWHILE
```

③ UNTIL 结构

```
REPEAT
   循环体 S
UNTIL 条件
```

- 输入/输出语句

(1) 输入语句

GET（输入变量表）

(2) 输出语句

PUT（输出变量表）

- 模块调用语句

CALL 模块名（参数）

【例 3-4】 下面采用 PDL 语言，对例 3-2 描述具体的处理过程。

```
Input array A
DO FOR I =2 TO N
IF MAX <A(I)
Set MAX = A(I)
ENDIF
ENDDO
Print MAX
```

上面介绍了几种较为常用的表达工具，这些工具各有特色，如图形工具便于设计人员与用户的交流，而 PDL 语言便于将详细设计的结构转化为源程序。设计人员应根据具体情况选择适当的表达工具。

3.8 界面设计

人机界面（Human Computer Interface，HCI）通常也称为用户界面，它是交互式应用软件系统的门面。设计用户界面要充分考虑到人的因素，如用户特点，用户怎样学会与系统交互工作，用户怎样理解系统产生的输出信息以及用户对系统有什么期望等。考虑界面的风格，可用的软、硬件技术及应用本身产生的影响。因此，用户界面设计是整个软件设计过程中的一个重要组成部分。如果要使软件更好地发挥自身的功能，就要使用户界面的设计与用户的基本技能、经验、工作环境和期望的结果相符合。好的界面设计对系统的运行性能起到决定性，不好的界面设计会造成用户无法使用系统中的某些功能，可能会造成用户操作不当，引起系统不适当的错误，用户可能会认为系统阻止他们访问系统的某些功能。对用户界面设计做出决策时，要考虑用户的因素。如人的记忆能力、人对重要信息的处理的紧张程度、行为能力的不同，以及人们交互的方式不同，会形成多种方式的访问习惯等，都可以作为设计界面要考虑的重要因素。因此，用户界面设计的一般原则如下。

（1）用户熟悉。界面所使用的术语和概念应该来自于用户的经验。

（2）界面操作一致性。界面应该是一致的，尽可能让相似的操作有相同的触发方式。

（3）意外最小化。对一个熟悉的命令过程，用户应能预测相应命令的执行过程。

（4）可恢复性。对用户的错误操作，系统应能提供恢复功能。

（5）用户指南。应提供帮助、在线操作手册等。

（6）用户差异性。界面应该为不同类型的用户提供合适的交互功能。

3.8.1　界面设计的步骤

界面设计是一个迭代的过程，用户要与设计者共同实现对界面原型进行设计，以确定系统用户界面的特点和组成形式，一般过程如图3-55所示。

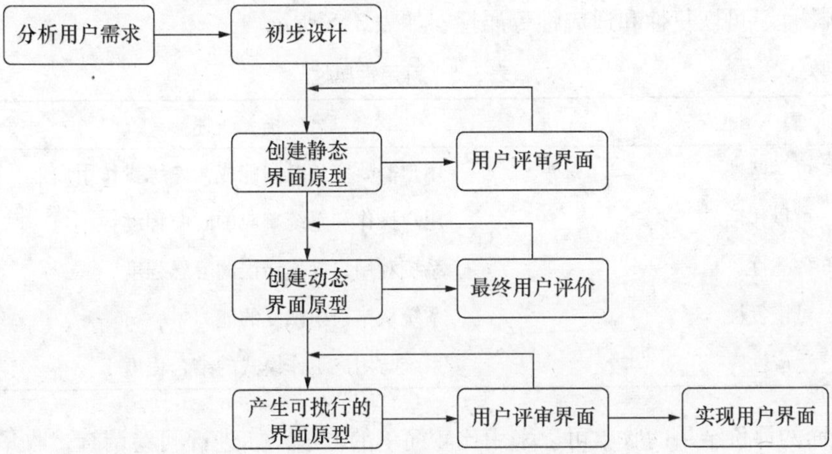

图3-55　界面设计迭代过程

主要完成以下几个方面活动。

1. 分析用户需求

分析和理解用户的基本需要和用户的计算机操作能力，同时结合对用户所做的任务、工作环境以及在工作中如何同他人进行交互等方面进行分析。如果不能理解用户想要计算机提供什么样的服务，设计人员很难设计出有效的用户界面，可以采用任务分析、深入实际、用户采访和观察等手段，进一步沟通和理解用户的需求，也可以采用图形方式如Use Case图、脚本描述等与用户进行沟通，分析系统用户的需求和所关心的内容，逐步掌握用户的工作方式、用户所关心的事情、工作环境的约束等，形成的初始设计对用户来说更容易接受，能够促使用户加入设计的细化过程。

2. 界面原型开发

用户界面开发主要分为三个阶段：创建静态界面原型、创建动态界面原型和产生可执行的界面原型。静态界面原型可以在纸上或图板上进行设计，勾画出基本的轮廓和操作方式；动态界面原型可以利用较为容易的动画制作工具实现；可执行的界面原型采用熟悉的计算机语言或最终系统需实现的语言进行编程实现。因此，可以将界面原型构造从纸面上规划原型，到动态原型、可执行的原型，最终形成用户可用的界面原型。目前，很多系统采用图形模板构造一系列描述交互序列的草图，然后在此基础上实现一个软件界面原型，需要为用户提供可交互的功能界面，可以采用简单的数据处理方式在后台对相应功能进行响应。

3. 界面评价

对界面的评价可以根据可用性属性的每一个因素给出定量的比对值，或者可以采用用户问卷调查的方式，在用户比较广泛的情况下。界面评价是评定一个界面的可用性并检查界面是否符合用户需求。所以，可以从系统的可用性属性进行度量，包括可学习性、可操作性、鲁棒性、可恢复性和适应性等属性，如表 3-5 所示。

表 3-5 可用性属性

属　性	描　述
可学习性	用户需要多长时间能成为熟练操作用户
可操作性	用户操作和系统响应的匹配程度
鲁棒性	系统对用户操作错误的容忍程度
可恢复性	系统从错误中恢复的能力
适应性	系统与用户工作模式的结合程度

对界面的评价结果的收集可以采用比较简单的方法，如进行问卷调查，收集用户对界面的意见和建议的相关信息；也可采取实地观察的方法，在用户使用界面的过程中不断收集用户在操作过程中的建议和意见，完善用户对使用系统完成某些任务的建议；更好的方式是可以在系统中嵌入某些程序，收集常用的功能和容易出现的错误的相关信息，进行统计分析。

3.8.2 界面设计的分类

设计任何界面一般要考虑系统的响应时间、用户求助机制、错误信息处理和系统操作方式等因素。首先，了解用户交互的几种风格。用户交互是向系统提供所需要的信息，同时将系统经过处理所得的信息显示给用户的过程，交互的形式分为五种形式。

（1）直接操作。用户直接操作屏幕中的对象，直接操作可以通过相应的设备，如鼠标、笔、触摸屏等指示被操作的对象和动作。如鼠标拖动某个文件到某个文件夹中。

（2）菜单选择。可以基于窗口如 Windows 下的菜单方式访问和执行相应的功能，在执行功能时用户对菜单所列举的功能名称进行选取。

（3）表格填写。可以将所要操作的功能以表格的方式显示给用户，用户填写表格确认后进行执行。

（4）命令语言。用户输入指定的命令和相应的参数给计算机，指定系统执行某个功能。如早先的 DOS 环境下的操作命令、CAD 计算机辅助设计中的图形命令。

（5）自然语言。用户可以采用自然语言发出命令，更有利于系统的使用。

3.8.3　界面设计的信息表示

系统交互过程是用户和计算机信息交换的过程，既要有用户输入某些信息给计算机，同时计算机也要提供给用户某种方式的信息表示。信息表示可以有多种方式，如图形形式表示、文本信息表示。一般将信息表示和信息处理分离开来，有利于适应界面的改变而不会影响到系统内部的处理，如图 3-56 所示。

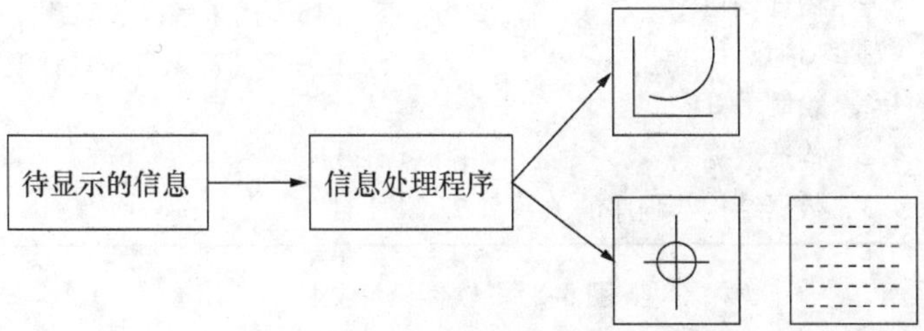

图 3-56　信息表示

寻求最佳的信息表示方式需要有关该信息的使用者的背景和他们使用系统的方式的知识。采用文本方式表示信息，通常都是大量数据在同一个界面窗口中显示，包括大量的统计信息、大量的采集数据，如控制系统中的温度、压力、液位、流量等不同设备上相关的信息需要同时表示。可以利用文字加上数字的方式列举，使用户很快地浏览和比较分析。采用图形方式时，比较直观和容易接受，在信息变化比较频繁的情况下，图形变化的比较快，可以感受到动态的变化。

同时颜色的使用也有一些指导原则。

（1）使用颜色编码要慎重，前后一致。

（2）注意颜色搭配。

（3）利用颜色的变化说明系统状态的变化。

（4）注意颜色显示通常都是较低分辨率。

3.9　软件设计文档

软件设计说明书主要体现软件系统的结构、系统与其他系统、子系统的分布，以及数据存储形式、算法程序执行过程和界面窗口的设计等内容，将用户需求描述转化成计算机系统的逻辑结构描述。软件设计说明书的结构如图3-57所示。

1. 引言	5. 程序系统的结构
1.1 编写目的	5.1 程序1（标识符）设计说明
1.2 背景	5.1.1 程序描述
1.3 定义	5.1.2 功能
1.4 参考资料	5.1.3 性能
2. 体系结构设计	5.1.4 输入项
2.1 需求规定	5.1.5 输出项
2.2 运行环境	5.1.6 算法
2.3 体系结构模型	5.1.7 流程逻辑
3. 接口设计	5.1.8 接口
3.1 系统的上下文模型	5.1.9 存储分配
3.2 用户接口	5.1.10 注释设计
3.3 外部接口	5.1.11 限制条件
3.4 内部接口	5.1.12 测试计划
4. 数据结构设计	5.1.13 尚未解决的问题
4.1 绘制ERD	5.2 程序2（标识符）设计说明
4.2 构造数据表	……
4.3 数据结构与程序的关系	6. 界面设计
	7. 附录

图3-57 软件设计文档

本章要点

本章的主要内容是详细描述软件设计的目的、设计步骤和设计方法，以及设计过程中所使用的模型和工具。掌握软件设计的五大方面内容，包括体系结构设计、接口设计、数据结构设计、算法过程设计和界面设计等内容。对每一方面内容都有相应的模型和工具表示形式，并编写软件设计文档。

练习

3.1 描述软件系统的体系结构所起到的作用。

3.2 软件体系结构都有几种模型？阐述各种模型的优缺点。

3.3 举例说明对象和对象类之间的不同。

3.4 使用对象类模型设计表示如下对象类的属性和操作：

（1）个人的银行账号；

（2）学生的移动手机；

（3）学院实验室设备目录。

3.5 在对你经常使用的ATM机系统设计基于菜单的界面时，必须考虑哪些因素？对你所使用的ATM机的界面系统提出相应的建议。

3.6　在用户界面中使用的颜色应该遵循什么原则？请根据你所接触的软件系统界面说明如何使用颜色更有效。

3.7　用文字描述以下系统可能进行的交互过程：

（1）通过网络 www.ebay.cn 订购你所喜欢的商品；

（2）自动网络进行飞机订票；

（3）自动提款机进行提款操作。

第4章　编 码 实 现

本章概述和学习目标

软件开发的最终目的是生成符合用户需求的程序源代码，而设计阶段得到的仅仅是对用户需求的过程性描述。软件开发的下一阶段，即编码（Coding）阶段的任务就是要将设计阶段得到的成果用计算机程序设计语言描述出来，得到可在计算机上执行的程序。相对于软件生命周期中的其他阶段，编码阶段的耗费较少且实现难度不大。由于编码完全是在设计基础上进行的，因此，一个程序的优劣主要取决于软件设计的质量，但是编码过程中程序设计语言的选择和编码风格的把握以及编程技巧的运用却直接影响着程序的可靠性、可读性、可测试性和可维护性。分为以下3个方面内容：

- 程序设计语言；
- 编码标准；
- 编码风格。

通过本章的学习，能够了解计算机语言发展的过程和分类，在软件开发过程中选择适当的计算机语言有助于提高软件开发的速度，提供高质量的软件，降低软件工程师开发的工作量。编码实现是软件开发很重要的和必要的一个阶段，提供完善的编码实现的标准，采用良好的编码风格，是本章中的重点。

本章要求：学生掌握软件编程的技巧和编程风格，了解计算机语言发展变化的过程和计算机语言的分类，重点掌握编程标准和熟练运用编码风格。

4.1　程序设计语言

4.1.1　程序设计语言

程序设计语言，通常简称为编程语言，是一组用来定义计算机程序的语法规则。它是一种被标准化的交流技巧，用来向计算机发出指令。一种计算机语言让程序员能够准确地定义计算机所需要使用的数据，并精确地定义在不同情况下所应当采取的行动。设计语言往往使程序员能够比使用机器语言更准确地表达他们所想表达的目的。对那些从事计算机科学的人来说，懂得程序设计语言是十分重要的。程序设计语言是软件开发人员在编码阶段所使用的基本工具，程序设计语言所具有的特性不可避免地会影响编程者处理问题的方式和方法。为了能够编写出高质量、高效率的程序，根据具体问题和实际情况选择合适的程序设计语言是编码阶段中一项非常重要的工作。程序设计语言的特性有：

（1）一致性。计算机程序语言采用的符号表示协调一致，避免一个符号多种方式使用。符号表示方式遵循了一定规律。如数组的下标定义、数组一维和二维定义、表达式等。

（2）二义性。计算机语言使用符号表达一定的语义，语义必须明确自身的含义，不含有二义性。在语言中表达式的优先级必须明确，特别是算术、关系、逻辑运算符等的优先级，容易出现二义性，产生的源代码的可读性差，从设计翻译成计算机代码容易产生错误。

（3）结构性。计算机语言的基本组成都是由一定的基本结构，从简单到复杂的过程，给出计算机语言的组成程序的结构，描述从数据表示到程序结构的特性。

（4）可移植性。源代码的移植性支持软件的重用，计算机语言形成的程序并不依赖于计算机设备，任何计算机硬件都会支持使用计算机语言开发的程序。

（5）可维护性。任何使用的软件都需要维护，修改软件中存在的错误，扩充软件的功能，增强软件的性能等，都需要实现对程序的修改，计算机语言本身具有的语言结构促进软件的可维护性。

4.1.2　程序设计语言的分类

随着计算机技术的发展，目前已经出现了数百种程序设计语言，但被广泛应用的只有几十种。由于不同种类的语言适用于不同的问题域和系统环境，因此了解程序设计语言分类可以选择出合适的语言。通常将程序设计语言分为面向机器语言和高级语言两大类，如图4-1所示。

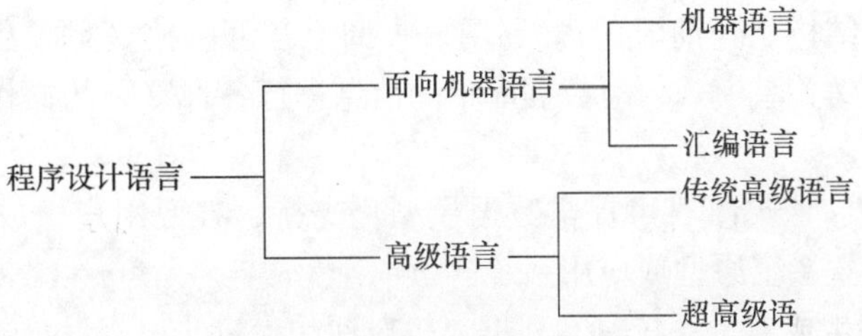

图4-1　程序设计语言分类

1. 面向机器语言

面向机器语言包括机器语言（Machine Language）和汇编语言（Assembe Language）两种。机器语言是计算机硬件系统能够识别、执行的一组指令。机器语言程序中的每一条语句实际上就是一条二进制形式的指令代码，由操作码和操作数两部分组成。由于机器语言难以记忆和使用，通常不用机器语言编写程序。汇编语言是一种符号语言，它采用了一定的助记符来替代机器语言中的指令和数据。汇编语言程序必须通过汇编系统翻译成机器语言程序，才能在计算机上运行。汇编语言与计算机硬件密切相关，其指令系统因机器型号的不同而不同。由于汇编语言生产效率低且可维护性差，所以目前软件开发中很少使用汇编语言。

2. 高级语言

高级语言中的语句标识符与人类的自然语言较为接近，并且采用了人们十分熟悉的十进制数据表示形式，利于学习和掌握。高级语言的抽象级别较高，不依赖于实现它的计算机硬件，且编码效率较高，往往一条高级语言的语句对应着若干条机器语言或汇编语言的指令。

高级语言又分为传统高级语言和超高级语言。

传统高级语言主要描述问题求解的逻辑过程。从不同的应用角度出发，传统高级语言又可分为通用语言和专用语言。通用语言即适合多数应用领域的程序设计语言，例如：BASIC、FORTRAN、C 等。当然，不同的语言在不同的领域各有所长。专用语言则具有很强的针对性，通常是专为某一应用领域软件开发而设计的，具有自己独特的程序结构，与问题求解的领域密切相关。典型的专用语言有 PROLOG、LISP、APL 等，其中，PROLOG 语言和 LISP 语言是专门用于处理人工智能领域问题，APL 语言是专门用于解决数组和向量计算问题的，这些语言的共同特点是可高效地解决本领域的各种问题，但难以应用于其他领域。

在 20 世纪 80 年代开始出现的超高级语言，又称为第四代语言（4GL），它的特点是只需要用户描述做什么，而问题求解的算法和逻辑过程全部由系统自动实现。通常情况下，4GL 由某个专门领域的知识库和方法库支持，以实现对数据处理和过程描述的更高级抽象，具有非过程特性。第四代语言按照应用的范围进行划分，可分为查询语言、原型语言、应用程序生成器及图形语言等。

（1）查询语言。主要是为解决与数据库应用相关问题的语言，其代表语言是关系数据库标准语言 SQL（结构化查询语言）。利用该查询语言可以独立完成数据库生命周期中的全部活动，包括定义关系模式，对数据库中的信息进行各种复杂的操作，以及安全控制等一系列功能。

（2）原型语言。该类语言可提供数据模型化支持，方便用户生成人机界面和交互方式，有助于快速建立系统原型或应用系统。

（3）应用程序生成器。系统具有根据人机对话和少量非过程性描述语句自动生成完整的过程语言程序的功能。

（4）图形语言。该类语言的特点是使用图形符号来描述一些数据结构和处理过程，用户可以通过对话定义各图形符号的属性、使用的资源和各个图形符号对象之间的关联（操作），从而实现系统功能。

4.1.3 程序设计语言的选择

解决某一问题可选择的程序设计语言可能有多种，选择哪一种更有利于软件的开发、软件的功能实现及软件测试维护工作的进行，则需要综合考虑多方面的因素。首先，要确定求解的问题对编码有哪些要求，把它们按轻重的次序列出。然后，用这些要求衡量可提供的语言，判断有哪几种语言能较好地满足它们。没有一种语言等量地满足各种不同的要求。所以在做出选择时，必须优先考虑主要的要求，然后适当照顾其余的方面。

当衡量某一语言是否可选作编码语言时，常使用以下几项为评价标准。

1. 应用领域

各种语言都有自己的适用领域。在科学计算领域，FORTRAN 语言仍占优势，虽然 PASCAL 语言与 BASIC 语言也常常使用。在事务处理方面，COBOL 语言与 BASIC 语言可能是合理的选择。Ada 语言或汇编语言适用于实时应用，C 语言或汇编语言适用于系统软件开发。如果开发的软件中含有大量数据操作，则采用 SQL、FOXPRO 等数据库语言往往更为适宜。

2. 算法与计算复杂性

FORTRAN、True BASIC 及各种现代语言，都能支持复杂的计算与算法。但 COBOL 语言与大多数据库语言，只能支持简单的运算。

3. 数据结构的复杂性

PASCAL 语言和 C 语言都支持数组、记录（在 C 语言中称为结构）与带指针的动态数据结构，适用于书写系统程序和需要复杂数据结构的应用程序。BASIC、FORTRAN 等语言只能提供简单的数据结构——数组。

4. 效率的考虑

有些实时应用要求系统具有快速的响应速度，此时可酌情选用汇编语言或 Ada 语言。一些典型调查还表明，一个程序的执行时间，往往有一大部分是耗费在一小部分代码上的。为了提高效率，只需将这一部分代码改用汇编语言，其余代码仍可使用高级语言。曾有人做过实验，把高级语言程序的 5% 用汇编语言改写，执行时间就缩短了 1/3；在另 4 次实验中，把 12% 的高级语言编码用汇编语言替代，执行速度平均提高了 5 倍。在开发资源紧张的微处理机软件时，还可以使用像 FORTH 那样的专用语言，来提高软件的时空效率。

4.2 编码标准

软件的开发越来越形成统一化和标准化的程序，要编制清晰、高效的程序，一般应遵循下列编程标准。

1. 编制结构清晰的程序

在程序的基本结构中，明显地标识程序段的组成结构，如采用的条件分支、循环分支、顺序执行等结构，在面向对象的程序实现中，划分清晰的对象类，明确对象类之间的关系。避免出现两条等价的支路，不要过多地使用 GOTO 语句，用 IF 语句来强调只执行两组语句中的一组，采用 CASE 实现多路分支，避免从循环引出多个出口，对函数只有一个出口，不使用条件赋值语句，避免不必要的分支，不要轻易用条件分支去替换逻辑表达式。

2. 编制易于修改和维护的程序

程序结构清晰，简单易懂，单个函数的程序行数不得超过100行。尽量使用标准库函数和公共函数。不要随意定义全局变量，尽量使用局部变量。使用括号以避免二义性。

3. 程序可读性强

程序可读性第一，执行效率第二。保持注释与代码完全一致，在每个源程序文件，都有文件头说明，应该包含本程序段的功能、完成者、编制的时间、采用的算法和数据结构说明等信息。每个函数，都有函数头说明，给出主要变量（结构、联合、类或对象）定义或引用时，注释能反映其含义。利用缩进来显示程序的逻辑结构，缩进量一致并以Tab键为单位，定义Tab为6个字节。循环、分支层次不要超过5层。

4. 正确性与容错性要求

程序首先是正确，但是无法证明你的程序没有错误，因此在编写完一段程序后，应先回头检查。改一个错误时可能产生新的错误，因此在修改前首先考虑对其他程序的影响。所有变量在调用前必须被初始化。对所有的用户输入，必须进行合法性检查。程序与环境或状态发生关系时，必须主动去处理发生的意外事件。

5. 可重用性要求

重复使用的完成相对独立功能的算法或代码应抽象为公共控件或类。公共控件或类应考虑面向对象的设计思想，减少与外界联系，考虑独立性或封装性。公共控件或类应建立使用模板。

4.3 编码风格

在选择了合适的程序设计语言和保证程序正确的前提下，根据详细设计结果编写程序时还应通过使用某些编程技巧，力求使程序具有良好的风格。

编码风格是指编写程序时应遵循的基本原则。编码风格是影响编码质量的重要因素，尤其是大型的软件系统的设计，往往需要多人合作完成，要使所有模块连接起来能正常运行，每个人的编码在编程风格上应该统一起来，这样可以使各个模块连接后错误尽量减少，并有利于对程序的理解，相应的，其他工作的困难也会减少。如果不注意编程风格，将会使程序的可理解性变差，影响程序的质量，且增加了修改代码的困难。因此，编码时，遵循所选的程序设计语言的设计规范，并培养良好的编程习惯，可以使程序的结构清晰、层次清楚，具有较好的可理解性，同时程序也易于测试、维护。具体编码时应遵循哪些原则，将从以下三方面讨论编写的风格。

4.3.1 源程序文档化

源程序文档化包括选择好的标识符名称、添加注释以及良好的书写格式等。

1. 标识符的命名

程序中使用的标识符包括函数名、变量名、常量名、参数名以及数据区名、缓冲区名等。这些名字的命名应能反映它所代表的实际东西，起到顾名思义的作用，从而方便对各种符号的理解，进而有利于对程序功能的理解。命名一般可使用英文单词或比较熟悉的单词缩写，或进行必要的组合，也可使用汉语拼音或拼音缩写的形式，以及一些习惯性使用的方式。总之，命名方式既要容易理解，又要尽量避免使人产生误解。比如，定义循环变量时经常使用i、j、k等；表示和的量用sum，求平均值用ave或average，表示总量可以用total，临时存储变量用temp等。一定要注意，不要随意使用一些单个的字符来命名标识符。

对于目前流行的面向对象程序设计语言，在对变量、函数及控件等进行命名时也强调规范性，很多的软件开发组织为了统一管理，也对命名做出规定，要求所有软件设计人员依据一定规则进行命名，具体说明如下。

（1）变量名的命名格式。变量类型缩写+表示变量含义的名词或有意义的缩写。例如，声明字符串类型（string）变量姓名（name），可写成strname。

（2）控件名的命名格式。控件缩写+控件所表示含义的名词或有意义的缩写。例如，使用标签控件（Label）作为输入提示文本，可写成labinput；用Image控件存储房间图片，可写成imgroom。

（3）函数名的命名格式。表示动作含义的名词或缩写+具体操作内容。例如初始化队列，可命名iniqueue( )，删除元素，可命名delelement( ) 等。

2. 程序的注释

注释是源程序文档化的一部分，使用注释是增强程序可读性的重要手段，正确的注释能够帮助读者理解程序，甚至对于程序员本身，必要的注释也能为以后程序的修改和完善提供帮助，对程序的测试、维护等工作具有明确的指导作用。因此，一个好的程序中，注释是必不可少的，大多数程序设计语言允许采用自然语言书写注释，这给阅读程序带来很大的方便。

注释按照在程序中所处的位置和所起的作用不同，可分为序言性注释和功能性注释。

序言性注释通常置于每个程序模块的开头部分，它给出本程序模块的整体说明，对于理解程序本身具有引导作用。有些软件开发部门对序言性注释做了明确而严格的规定，要求程序设计人员逐项列出。有关项目包括：

（1）程序标题。

（2）有关本模块的功能和目的的说明。

（3）主要算法。

（4）接口说明。

（5）有关数据描述，包括重要的变量及其用途、约束或限制条件以及其他有关信息。

（6）模块位置，在哪一个源文件中或隶属哪一个软件包。

（7）开发简历，模块设计者、复审者、复审日期、修改日期及有关说明等。

功能性注释嵌入在程序体内，用以描述某个语句或若干语句的功能或设计说明，使用时要注意以下几点：

（1）格式安排合理，利用缩进或空行区分程序和注释。

（2）为重要的程序段添加注释，而不是每条语句。

（3）注释的内容不仅仅是对语句的简单翻译，而且是一些功能和技巧上的说明。

（4）表达的意思要准确，一个内容错误或含糊不清的注释不仅对理解程序毫无帮助，相反会妨碍或误导读者对程序的理解。

（5）避免在注释中使用缩写，特别是不常用的缩写。

3. *层次结构*

书写一个程序除了保证其正确性，还要注意它的视觉组织效果，较好的层次结构使语句间的关系清晰，便于对程序的阅读和理解。

层次结构主要通过灵活运用空格、空行、移行或换行来体现。

空格通常是用来分隔数据类型和变量的，利用空格，还可以突出运算的优先性，避免发生运算的错误；必要的空行，可以明显地区分不同的程序段；移行也称向右缩格，它是指程序中的各行不必都以左端对齐，都从第一格排列，因为这样会使程序的层次结构模糊，不便于阅读和查找问题。因此，在使用选择语句和循环语句时，把其中的程序段语句向右做阶梯式移动，这样可使程序的逻辑结构更加清晰，层次更加分明。

4.3.2 数据说明

在编写程序时，还需要注意的是数据说明的风格。为了使程序中数据说明更易于理解和维护，说明数据时必须注意以下几点。

（1）数据说明的次序应当规范化。原则上，数据说明的次序是任意的，与语法无关，但是，出于阅读、理解和维护的需要，最好使其规范化，这样便于查找数据属性，也有利于测试、排错和维护。一般可按照以下顺序排列：常量说明（整型、实型、字符型、逻辑型）；简单变量说明；复杂变量说明（数组、结构体、共用体）；文件使用说明。

（2）当多个变量类型相同时，不要一次全部声明，要根据它们的属性加以分类。比如，在一个程序模块中，首先声明整型变量 i、j、k 作为循环变量；换行后声明 int sum = 0，average = 0，分别表示求和和平均值，并将其初始化为 0。其中，一个语句说明多个变量名时，各变量之间可按照在字母表的先后顺序排列。

（3）如果设计了复杂的数据结构，应当添加必要的注释，对该数据结构进行说明，以方便对新定义内容的理解。比如说，定义栈的顺序存储结构：

```
typedef struct{
    int *base;          //栈底指针,始终指向栈底元素
    int *top;           //栈顶指针
    int stacksize;      //当前已分配的存储空间,以元素为单位
}sqstack;
```

4.3.3 语句结构

设计好程序的主要流程后，就进入编码阶段。编码阶段的工作就是对单个语句进行构

造，并合理组织各个语句之间的逻辑关系，以满足程序的功能要求。由于对语句的组织构造会直接影响程序的可读性，因此，语句的构造力求简单、直接，必要时甚至可牺牲部分效率而保证其可理解性。程序中语句结构的基本原则如下。

(1) 一行内只写一条语句，并且采用适当的移行、空格，使程序的逻辑结构和功能更明确。虽然许多程序设计语言允许一行内写多条语句，但这种方式往往造成混乱，使程序的可读性变差。比较以下两个程序段的书写：

```
While(I<=n&&tag){if(exp[I]=='('||exp[I]=='['){top++;st[top]=exp[I];}
if(exp[I]==')')if(st[top]=='(')top--;else tag=0;
if(exp[I]==')')if(st[top]=='[')top--;else tag=0;I++;}
```

该程序段的一行中包含多条语句，使得循环结构和条件结构之间的层次关系模糊，程序的可读性较差，如写成以下形式，则语句间的层次清晰，逻辑关系明显，较好理解。

```
While(I<=n&&tag)
 {if(exp[I]=='('||exp[I]=='[')
   {top++;st[top]=exp[I];}
 if(exp[I]==')')
    if(st[top]=='(')top--;
    else tag=0;
 if(exp[I]==')')
    if(st[top]=='[')top--;
    else tag=0;
 I++;
 }
```

较长的语句可按照语意分成多行书写，即使是短语也不要多条写在一行，总之，语句间层次分明的程序更加清晰易读，便于理解。

(2) 程序的编写首先考虑清晰性，不要刻意追求技巧性。

(3) 在注释段与程序段，以及不同的程序段之间插入空行；书写表达式时，适当使用空格或圆括号等作为隔离符。

(4) 嵌套过深会增加程序结构的复杂性，难于理解，要避免过多的循环嵌套和条件嵌套，通常嵌套结构不要超过 3～4 层。

4.3.4　输入/输出

输入和输出信息是与用户的使用直接相关的，系统能否被用户接受，有时取决于输入和输出界面的友好程度，因此，输入和输出的方式和格式应当尽可能方便用户的使用，一定要避免因设计不当给用户带来麻烦。为了使程序的输入、输出能便于用户的使用，在编写程序时应对输入和输出的设计格外注意。

1. 输入

(1) 输入方式力求简单，尽量避免给用户带来不必要的麻烦。如尽可能采用简单的输入格式，尽可能减少用户的输入量。当程序中对输入数据的格式需要有严格的规定时，同一程序中的输入格式应尽可能保持一致。

(2) 交互式输入数据时应输入必要的提示信息，提示信息可包括：输入请求、数据的格式及可选范围等。如“请输入待检查职工的编号（5 位数字 00001 ～99999）”。

(3) 程序应对输入数据的合法性进行检查。若用户输入了非法的数据，则应向用户输出相应的提示信息，并允许用户重新输入正确的信息。例如，月份的正确值只能在 1 ～12 之间，若检测到输入的月份超过了这个范围，就说明用户输入的数据非法，此时应输出出错提示并允许用户再次输入。

(4) 若用户输入某些数据后可能会产生严重后果，应给用户输出必要的提示并在必要的时候要求用户确认。如：“清库会使库中原有的数据全部丢失，真的需要清库吗？(Y/N)”。

(5) 当输入一批数据时，最好使用输入结束标志，而不要由用户指定输入数据数目。例如，输入一个班学生的成绩，若要求用户输入学生的总数并通过总数来控制输入数据的个数，无疑会增加用户的麻烦；而若以特殊标记来控制数据的录入，如当用户输入 -1 时结束输入，对于用户而言就方便多了。

(6) 应根据系统的特点和用户的习惯设计出令用户满意的输入方式。

2. 输出

用户需要通过程序的输出来获得加工的结果。为了使用户能够清楚地看到需要的结果，设计数据输出方式时应注意以下几点。

(1) 输出数据的格式应清晰、美观。如对大量数据采用表格的形式输出，可以使用户一目了然。

(2) 输出数据时要加上必要的提示信息。例如，表格的输出一定要带有表头，用以说明表格中各项数据的含义。

本章要点

本章的主要内容是编码实现，是按照软件设计要求完成软件的实现过程，详细描述在软件编写程序过程中需要掌握的编程标准、编码风格，了解计算机语言的形成过程和计算机语言的多样性，以及在实际应用软件的开发中应如何选取相应的计算机语言。

练习

4.1 选择一些计算机语言，分析它们的特点。

4.2 比较 C 语言和 C + + 语言的特点，说明结构化语言和面向对象语言的不同。

4.3 在软件开发中应如何选取计算机语言。

4.4 简述编码过程中所规定的编码标准和编码风格。

4.5 按照所学的 C 语言特点，列出在编写程序过程中如何定义程序结构。

4.6 按照你认为的重要程度列出编程风格，并说明理由。

第 5 章　软 件 测 试

本章概述和学习目标

本章着重描述软件测试的过程、方法和工具，并结合相应的应用案例进行分析说明，详细阐述如何在实际项目中运用软件测试的技术和方法，给出相应的软件测试文档。分为以下 5 个方面：

- 测试的基本概念；
- 软件测试方法；
- 软件测试策略；
- 纠错技术；
- 软件可靠性。

1947 年，计算机还是有几个房间大的庞大机器，操纵大大小小的机械电路和发光管。当时的机器是 Mark II，一个由哈佛大学研制的庞然大物。技术人员正在进行整机试运行，突然之间，它停止了工作，这也许是计算机史上的第一个软件缺陷。他们爬上去找原因，试着修好它，努力把这台巨大的计算机腹内的一组继电器接通。继电器接通后，机器正常运行，充满活力。

1994 年的秋天，迪斯尼公司发布了第一个面向儿童的多媒体光盘游戏 Lion King Animated Storybook。尽管已经有许多公司在儿童游戏市场上运作多年，但是这次是迪斯尼公司首次进军这个市场。他们进行了大力宣传和促销，销售额非常可观。然而，在同年的 12 月 26 日，迪斯尼公司的客户支持部的电话开始响个不停，工作人员淹没在愤怒的家长和哭诉玩不成游戏的孩子们的电话狂潮之中。

后来证实，迪斯尼公司没有对市场上投入使用的各种 PC 机型进行正确的测试。软件在少数系统中工作正常（例如，迪斯尼公司的程序员用于开发游戏的系统），但在大众使用的常见系统中却不行。如此看来，软件的缺陷会给公司带来巨大的经济损失，同时会影响公司的声誉。

软件发展的早期，这样的例子屡见不鲜。在我们的生活中，软件无处不在，没有任何软件是完美无缺的，所以软件测试是必不可少的。

本章要求：学生掌握软件测试的具体步骤和方法，学会运用测试步骤和方法对开发的软件进行测试，能够对软件进行可靠性评价，重点掌握软件测试的基本方法和工具。

5.1　测试的基本概念

5.1.1　软件测试的定义

程序测试是为了发现错误而执行程序的过程，测试的目的是发现程序中的错误。另一个与测试密切相关的活动称为纠错，纠错的目的是确定错误的实质，并且加以纠正。在测试中发现源代码有错误，就进行纠错，错误改正后又继续测试。这种边测试边纠正的活动，常常借助于一种称为调试程序（Debugging）的专用工具，所以也有人把纠错称为调试。

5.1.2 质量和可靠性

Merriam Webster 的联合教会字典把质量解释为“优秀程度”或者“超越同类的”。如果说软件产品质量高，是指它能够满足客户要求。客户会感到该产品性能卓越，优于其他产品。

软件测试员常常会错误地以为质量和可靠性是一回事。如果他们测试的程序一直稳定、可靠，就会认定是高质量的产品。遗憾的是，这不完全正确。可靠性只是质量的一个方面。

软件用户对质量的看法可能包括功能是否齐全、产品能否在各种机型上运行、软件公司有没有技术支持，甚至包装盒的色彩等。此外，可靠性或者软件产品是否经常毁坏数据可能也很重要，但不绝对。

为了确保程序质量高而可靠性强，软件测试员必须在整个产品开发过程中进行验证和合法性检验。

5.2 测 试 方 法

5.2.1 测试方法

软件测试员用于描述测试方式的两个术语是黑盒测试和白盒测试。这里先把软件看成一个盒子，在黑盒测试中，软件测试员只需知道软件要做什么即可，无须知道盒子里面是如何运作的。

如图 5-1 所示的 Windows 计算器程序，如果输入 3.14159 并按下 sqrt 键，就会得到结果 1.772453102341…。使用黑盒测试方式，不管软件计算圆周率的平方根要经历多少复杂的运算，只关心它的运行结果即可。软件测试员可以通过其他“经过验证”的计算器来检验结果，判定 Windows 计算器程序是否正确。

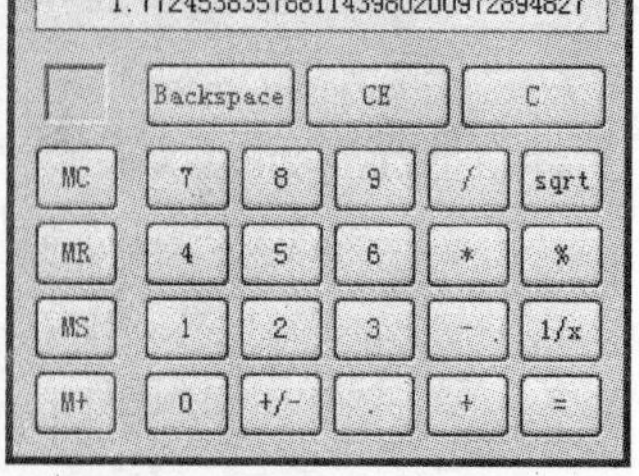

图 5-1 Windows 计算器程序

在白盒测试中，软件测试员可以访问程序员的代码，并通过检查代码来协助测试，测试人员必须了解程序的内部结构和处理过程。测试员根据代码检查结果判断多大的数字可能出错，并据此调整测试程序。

一个测试用例，是以发现错误为目的而精心设计的一组测试数据。测试一个程序，需要数量足够的一组测试用例。借用数据字典的表示方法，可以写成：

测试用例 = {输入数据 + 期望结果}

其中，{} 表示重复。这个式子还表明，每一个完整的测试用例，不仅含有被测程序的输入数据，而且还包括用这组数据执行被测程序后预期的输出结果。每次测试，都要把实测的结果与期望结果做比较，若不相符，就表明程序可能存在错误。

设计测试用例是开始程序测试的第一步，也是有效完成测试工作的关键。一个良好的测试用例，应该对发现错误具有较高的概率。表 5-1 列出了一些常用的设计测试用例的方法。下面将分别做简要的说明。

表 5-1　测试用例的设计方法

黑盒方法	白盒方法	
	逻辑覆盖法	路径测试法
等价分类法 边界值分析法 错误猜测法 因果图法	● 语句覆盖 ● 判定覆盖 ● 条件覆盖 ● 条件组合覆盖	● 结点覆盖 ● 边覆盖 ● 路径覆盖

5.2.2　黑盒测试方法

黑盒测试以程序的功能作为测试依据。不言而喻，这里的功能将随被测程序的范围而异。无论选用以下的何种方法，第一步都要认真阅读被测代码的功能说明。

1. 等价分类法

这种方法把被测程序的输入域划分为若干等价类，把漫无边际的随机测试变成有针对性的等价类测试。它的出发点是，每一个测试用例都代表了一类与它等价的其他例子。如果用这个例子未能发现程序的错误，则与它等价的其他例子一般也不会发现程序的错误。这样，测试人员就有可能使用少量“有代表性”的测试用例，来代替大量相类似的测试，从而大大减少总的测试次数。

设计等价类的测试用例一般分为两步进行，即：划分等价类并给出定义；选择测试用例。选择的原则是：有效等价类的测试用例尽量公用，以期进一步减少测试次数；无效等价类必须每类一例，以防漏掉本来可能发现的错误。下面举一个简单的例子。

【例 5-1】　某城市的电话号码由 3 部分组成。

地区码：空白或 3 位数字

前缀：非“0”或“1”开头的 3 位数字

后缀：4 位数字

假定被调试的程序能接受一切符合上述规定的电话号码，拒绝所有不符合规定的号码，就可用等价分类法来设计它的调试用例。

解：第一步：划分等价类，包括 4 个有效等价类，11 个无效等价类。表 5-2 列出了划分的结果。在每一等价类之后加有编号，以便识别。

表 5-2　电话号码程序的等价划分

输入条件	有效等价类	无效等价类
地区码	空白（1），3 位数字（2）	有非数字字符（5），少于 3 位数字（6），多于三位数字（7）
前缀	200～999 之间的 3 位数字（3）	有非数字字符（8），起始位为“0”（9），起始位为“1”（10），少于 3 位数字（11），多于 3 位数字（12）
后缀	4 位数字（4）	有非数字字符（13），少于 4 位数字（14），多于 4 位数字（15）

第二步：确定测试用例。表 5-3 中有 4 个有效等价类，可以公用两个测试用例。

表 5-3　有效等价类测试用例表

调试数据	范　围	期望结果
（　）276—2345	等价类（1），（3），（4）	有效
（635）805—9321	等价类（2），（3），（4）	有效

对 11 个无效等价类，要选择 11 个测试用例，如表 5-4 所示。

表 5-4　无效等价类测试用例表

调试数据	范　围	期望结果
（20A）123-4567	无效等价类（5）	无效
（33）234-5678	无效等价类（6）	无效
（7777）345-6789	无效等价类（7）	无效
（777）34A-6789	无效等价类（8）	无效
（234）045-6789	无效等价类（9）	无效
（777）145-6789	无效等价类（10）	无效
（777）34-6789	无效等价类（11）	无效
（777）2345-6789	无效等价类（12）	无效
（777）345-678A	无效等价类（13）	无效
（777）345-678	无效等价类（14）	无效
（777）345-56789	无效等价类（15）	无效

2. 边界值分析法

在等价分类法中，代表一个类的测试数据可以在这个类的允许值范围内任意选择。但如果把测试值选在等价类的边界上，往往有更好的效果，这是边界值分析法的主要思想。

举例说来，税法规定公民的个人收入调节税从超过 1 600 元开始征收。如果用一个程序来计算税款，则“收入< =1 600”可作为判别条件，满足条件者免税，否则要对超出 1 600 的部分征税。选择测试用例时，固然可以用 1 000、1 800 两个测试数据分别代表免税和征税两个等价类，但如果程序中将判别条件误写为“收入<1 600”，这两个数据就不能发现错误。假如将边界值 1 600 用做测试数据，这个错误就无法藏身了。在多数情况下，边界值及其邻近的数据都属于敏感数据，容易暴露程序中的错误。

边界值分析也适用于考察程序的输出值边界。例如，如果某工资程序规定，当职工的扣款金额超过当月工资的一半时，其超出部分应留待次月扣除。如果按边界值分析法选择此时的测试用例，就应有意识地让扣款达到和超过工资额的半数，分别观察被测程序计算的当月实发工资有何变化。

【例 5-2】 三角形问题接受三个整数 a、b 和 c 作为输入，用做三角形的边。整数 a、b 和 c 必须满足以下条件：

c1 1≤a≤200　c4 a<b+c

c2 1≤b≤200　c5 b<a+c

c3 1≤c≤200　c6 c<a+b

程序的输出是由这三条边确定的三角形类型：等边三角形、等腰三角形、不等边三角形或非三角形。如果输入值没有满足这些条件的任何一个，则程序会通过输出消息来进行通知。例如，“b 的取值不在允许取值的范围内。”如果 a、b 和 c 取值满足 c1、c2 和 c3，则给出以下四种相互排斥的输出中的一个。

（1）如果三边相等，则程序输出是等边三角形。

（2）如果恰好有两条边相等，则程序输出是等腰三角形。

（3）如果没有两边相等，则程序输出不是等边三角形。

（4）如果 c4、c5 和 c6 中有一个条件不满足，则程序输出的就不是三角形。

这个例子经久不衰的原因之一是它包含了清晰而又复杂的逻辑，它还是削弱客户、开发人员和测试人员之间沟通的典型例子。

- C 语言实现

```
#include "stdio.h"
void main()
{
   int a,b,c;
   bool isTriangle;
   //录入三边
   printf("请输入小于等于 200 三个整型数\n");
   scanf("%d%d%d",&a,&b,&c);
   //判断是否能构成三角形
   if((a<b+c)&&(b<a+c)&&(c<a+b))
      isTriangle=true;
   else
      isTriangle=false;
   //判断三角形的类型
   if(isTriangle)
```

```
    {
        if((a = =b)&&(b = =c))
            printf("该三角形为等边三角形\n");
        else
            if((a! =b)&&(b! =c)&&(a! =c))
                printf("该三角形为普通三角形\n");
            else
                printf("该三角形为等腰三角形\n");
    }
    else
        printf("不构成三角形");
}
```

● C++语言实现

```
#include <iostream.h>
class Triangle
{
private:
    int a,b,c;
public:
    Triangle(int newa,int newb,int newc)
    {
        a =newa;
        b =newb;
        c =newc;
    }
    void KindofTriangle()
    {
        bool isTriangle;

        if((a <b +c)&&(b <a +c)&&(c <a +b))
            isTriangle =true;
        else
            isTriangle =false;
        //判断三角形的类型
        if(isTriangle)
        {
            if((a = =b)&&(b = =c))
                cout < <"该三角形为等边三角形" < <endl;
            else
                if((a! =b)&&(b! =c)&&(a! =c))
                    cout < <"该三角形为普通三角形" < <endl;
                else
```

```
                cout<<"该三角形为等腰三角形"<<endl;
        }
        else
            cout<<"不构成三角形"<<endl;
    }
};

void main()
{
    int ma,mb,mc;
    //录入三边
    cout<<"请输入小于等于 200 三个整型数"<<endl;
    cin>>ma>>mb>>mc;
    Triangle tri(ma,mb,mc);
    tri.KindofTriangle();
}
```

显然，三角形问题的低端边界为 1，高端边界为 200。表 5-5 给出了使用这些值域产生的边界值测试用例。

表 5-5　边界值法测试用例表

用　例	a	b	c	预期输出
1	100	100	1	等腰三角形
2	100	100	2	等腰三角形
3	100	100	100	等边三角形
4	100	100	199	等腰三角形
5	100	100	200	非三角形
6	100	1	100	等腰三角形
7	100	2	100	等腰三角形
8	1	1	1	等边三角形
9	100	199	100	等腰三角形
10	100	200	100	非三角形
11	1	100	100	等腰三角形
12	2	100	100	等腰三角形
13	200	200	200	等边三角形
14	199	100	100	等腰三角形
15	200	100	100	非三角形

3. 错误猜测法

所谓猜错，就是猜测被测程序中哪些地方容易出错，并据此设计测试用例。如果说等价法和边界法均有线索可寻，则猜错法更多地依赖于测试人员的直觉与经验。所以在通常情况下，这种方法仅作辅助手段，即首先用其他方法设计测试用例，再用猜错法补充一些例子。

例如，当对一个排序程序进行测试时，可先用边界值分析法设计以下的测试用例。

- 输入表为空表；
- 输入表中仅有一个数据；
- 输入表为满表。

然后用猜错法补充以下的用例：

- 输入表已经排好了序；
- 输入表的排序恰与所要求的顺序相反，例如，程序功能为由小到大排序，输入表则为由大到小的顺序；
- 输入表中的所有数据都相同。

4. 因果图法

因果图法是借助图形来设计测试用例的一种系统方法，特别适用于被测程序具有多种输入条件，程序的输出又依赖于输入条件的各种组合情况。

因果图是一种简化了的逻辑图，能直观地表明程序输入条件和输出动作之间的相互关系。为便于叙述，下面结合一个实例来说明使用因果图法产生测试用例的步骤。

【例 5-3】 某电力公司有 A、B、C、D 共 4 类收费标准。规定居民用电每月 100 度以下按 A 类收费，100 度及以上按 B 类收费；动力用电以每月 1 万度为边界。非高峰用电不足 1 万度按 B 类收费，达到 1 万度按 C 类收费。高峰用电万度以下为 C 类，达到或超过万度为 D 类。试用因果图法为该公司的电费计算程序设计一组测试用例。

以下列出产生设计用例的 4 个步骤。

（1）列出程序的输入条件和输出动作，如表 5-6 所示。

表 5-6 输入输出表

输入条件	输出动作
1 居民用电	A 类计费
2 动力用电	B 类计费
3 <100 度/月	C 类计费
4 <10 000 度/月	D 类计费
5 高峰用电	

（2）用因果图表明输入和输出之间的逻辑关系，如图 5-2 所示。

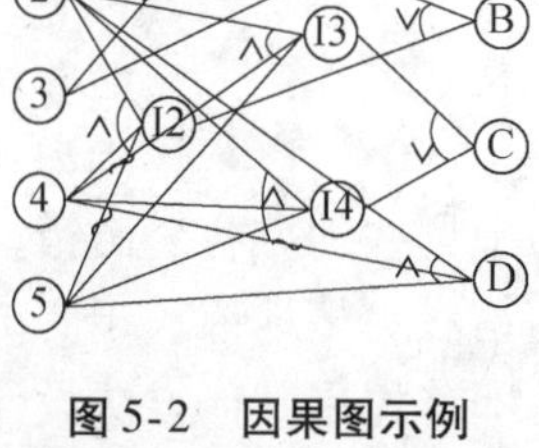

图 5-2 因果图示例

其中，∧代表逻辑与，∨代表逻辑或，～代表逻辑非，1、2、3、4、5 为因结点，A、B、C、D 为果结点，I1、I2、I3、I4 为中间结点。

表 5-7 列出了本例得出的判定表，表中的因结点就是输入条件，果结点就是输出动作。

表 5-7　从因果图导出的判定表

规则		1	2	3	4	5	6
因结点	1	1	1	0	0	0	0
	2	0	0	1	1	1	1
	3	1	0				
	4			1	0	1	0
	5			0	0	1	1
中间结点	I1		1				
	I2			1			
	I3				1		
	I4					1	
果结点	A	1	0	0	0	0	0
	B	0	1	1	0	0	0
	C	0	0	0	1	1	0
	D	0	0	0	0	0	1

（3）为判定表中的每一列设计一个测试用例，如表 5-8 所示。

表 5-8　电力公司测试用例表

输入数据	预期结果	输入数据	预期结果
（1）居民电，90 度/月	A	（4）动力电，非高峰，1.2 万度/月	C
（2）居民电，110 度/月	B	（5）动力电，高峰，0.9 万度/月	C
（3）动力电，非高峰，8000 度/月	B	（6）动力电，高峰，1.1 万度/月	D

因果图法的优点是，不论输入条件的组合多么复杂，总可以按上例给出的步骤找出测试用例。不足的是，输入条件的组合数为 2^n，随着 n 的上升急剧增长，当 n 较大时，因果图的结构将变得十分复杂，把因果图转换为判定表则更为复杂。为此，IBM 等公司已开发出一些专用的软件，实现因果图到判定表的自动转换。

5．默认、空白、空值、零值和无

一种看起来很明显的软件缺陷来源是当软件要求输入时（比如在文本框中）不是没有输入正确的信息，而是根本没有输入任何内容，只按了 Enter 键。这种情况在产品说明书中常常忽视，程序员也经常忘记，但是在实际使用中却时有发生。

好的软件会处理这种情况。它通常将输入内容默认为合法边界内的最小值，或者合法区间内某个合理的值；或者返回错误提示信息。

Windows 画图程序的“属性”对话框，如图 5-3 所示，通常在“宽度”和“高度”

文本框中设置默认值。如果用户无意间将默认值删除，使文本框成为空白，然后单击“确定”按钮，结果会如何？

理想情况是软件取某个合法的宽度和高度作为默认值处理。如果没有这样做，就应该返回错误提示信息，如图 5-4 所示。

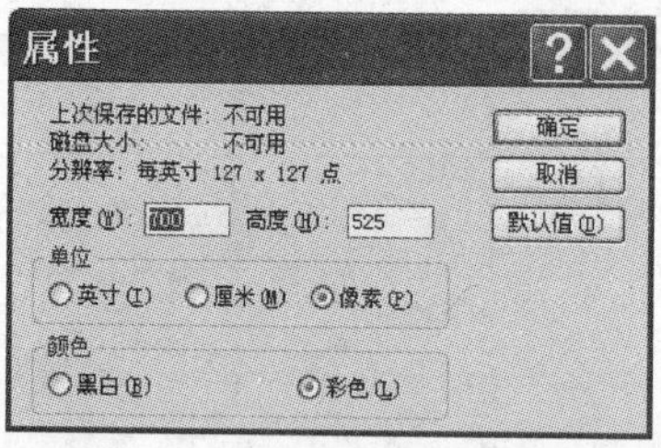

图 5-3 Windows 画图程序的“属性”对话框

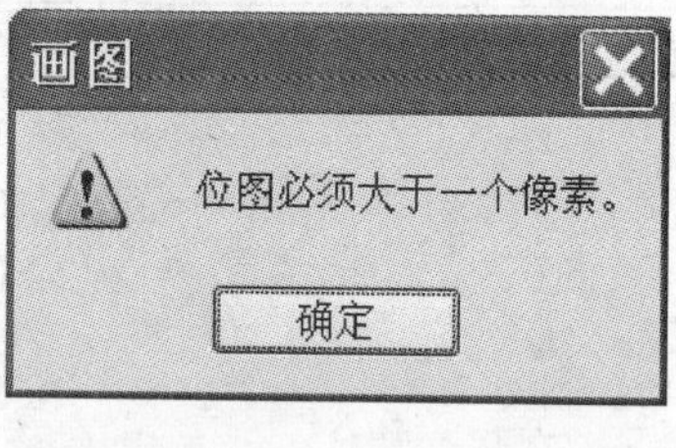

图 5-4 文本框空出时返回的错误提示信息

6. 非法、错误、不正确和垃圾数据

数据测试的最后一种类型是垃圾数据。经过边界测试和默认值测试等证实软件能够工作之后，就该进行破坏实验了。

非法、错误、不正确和垃圾数据测试是很有意思的。如果软件要求输入数字，我们就选择输入字母。如果软件只接受正数，就输入负数。如果软件对数据敏感，就看它在公元 3000 年是否还能正常工作。假装“笨手笨脚”地同时按下多个键试试，也许会发现软件的缺陷。

7. 像不熟悉软件的用户那样做

一个不熟悉软件的用户面对程序时，有时会做出令人意想不到的事情。例如，他会输入程序员无从想象的数据；会在中途变卦，退回去执行其他操作；会“冲浪”遇到某个站点，可能会单击不应该单击的东西；会发现开发小组遗漏的软件缺陷等。

如果软件测试员看到一个没有任何测试经验的人只花了 5 分钟使用软件，就令其崩溃，一定会感到很沮丧吧？他是怎样做的？他不遵守任何规则，也不做任何假定。因此，在设计测试用例时，软件测试员要像第一次使用软件的用户那样想问题，抛开关于软件应该如何工作的条条框框。如果可能，找一些非计算机专业的人士来补充一些用例，把这些测试用例加入到已经设计好的测试用例库中，就会更加全面。

8. 在已经找到软件缺陷的地方再找找

在已经找到软件缺陷的地方再找找的原因是，很多程序员倾向于只修复报告出来的软件缺陷，不多也不少。如果报告缺陷是启动—终止—再启动 255 次导致冲突，程序员就只修复这个问题。也许是内存泄露导致这个问题的出现，程序员找到症结并将其修复。当拿回软件重新测试时，一定要重新执行同样的测试 256 次以上。在这个范围之外极有可能存在其他的内存泄露问题。

5.2.3　白盒测试方法

白盒测试以程序的内部逻辑为依据。合理的白盒测试，就是要选取足够的测试用例，对源代码实现比较充分的覆盖，以便尽可能多地发现程序中的错误。

1．逻辑覆盖法

逻辑覆盖是一组覆盖方法的总称。按照由低到高对程序逻辑的覆盖程度，又可分为以下几种覆盖：

（1）语句覆盖：使被测程序的每条语句至少执行一次；

（2）判定覆盖：使被测程序的每一分支至少执行一次，故又称分支覆盖；

（3）条件覆盖：要求判定中的每个条件均按“真”、“假”两种结果至少执行一次。

如果判定中仅含一个条件，条件覆盖也就是判定覆盖；但若判定中包含两个或更多的条件，情况就不同了。例如对于判定表达式“（A＞1）AND（B＝0）”，要求所选的测试用例能使 A＞1、A＜＝1、b＝0 和 B！＝0 这 4 种结果至少各出现一次。而在判定覆盖中，只要求“（A＞1）AND（B＝0）”为“真”出现一次，为“假”也出现一次。简言之，后者把判定看成一个整体，前者却要求分别考虑判定中的每一个条件。

（4）条件组合覆盖：这是覆盖程度比前 3 种都强的一种覆盖。它与条件覆盖的区别是，它不是简单地要求每个条件都出现“真”与“假”两种结果，而是要求让这些结果的所有可能组合都至少出现一次。仍以判定“（A＞1）AND（B＝0）”为例。条件（A＞1）可出现两种结果，（B＝0）也可能有两种结果，两者相“与”，将出现 2＊2＝4 种可能的组合。即：

A＞1，B＝0，产生“真”AND“真”；

A＞1，B！＝0，产生“真”AND“假”；

A＜＝1，B＝0，产生“假”AND“真”；

A＜＝1，B！＝0，产生“假”AND“假”。

以上介绍了 4 种覆盖。其中语句覆盖最弱，一般都不采用。后 3 种覆盖中，又以最后一种为最强。现在把刚才举过的例子按后 3 种覆盖的要求重新做一次，汇集在例 5-4 中，供读者对照与比较。

【例 5-4】 图 5-5 显示了某程序的逻辑结构。试为它设计足够的测试用例，分别实现对程序的① 判定覆盖；② 条件覆盖；③ 条件组合覆盖。

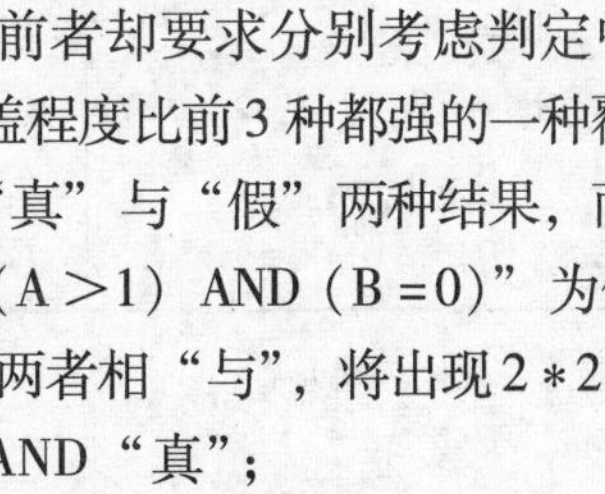

图 5-5　被测程序流程图

表5-9列出了满足这3种覆盖的测试用例。由表可知，前两种覆盖各需至少2个测试用例。条件组合覆盖需要至少4个测试用例，但发现错误的效果也是后者最好。举例来说，假如在编码时将判定条件误写为“（A＜1）OR（B=0）”，若采用判定覆盖标准或条件覆盖标准，仍然用表中的（1）A=2，B=0和（2）A=1，B=1两个测试用例，得到的测试结果将与期望结果相同，不能发现把“AND”写成“OR”的错误。但如果以条件组合覆盖为标准，将表中（1）～(4）个测试用例全部用上，则（2)、(3）两例的测试结果将与期望值相反，从而为发现错误提供了线索。

表5-9 不同覆盖标准所需的测试用例

覆盖种类	需满足的条件	测试数据	期望结果
判定覆盖	（1）A＞1，B=0 （2）A＞1，B！=0 或A＜=1，B=0 或A＜=1，B！=0	（1）A=2，B=0 （2）A=2，B=1 或A=1，B=0 或A=1，B=1	执行S1 执行S2
条件覆盖	以下4种情况各出现一次： A＞1；B=0；A＜=1；B！=0	（1）A=2，B=0 （2）A=1，B=1	执行S1 执行S2
条件组合覆盖	（1）A＞1，B=0 （2）A＞1，B！=0 （3）A＜=1，B=0 （4）A＜=1，B！=0	（1）A=2，B=0 （2）A=2，B=1 （3）A=1，B=0 （4）A=1，B=1	执行S1 执行S2 执行S2 执行S2

2. 路径测试法

路径测试法是借助程序图设计测试用例的一种白盒方法。在逻辑覆盖法中，测试用例是基于流程图来设计的。对于结构复杂的程序，其流程图也很复杂，设计时难免顾此失彼，发生错漏。程序图本质上是一种简化了的流程图，保持了控制流的全部轨迹，包括了所有的判定结点。由于舍弃了许多细节，使画面远比流程图更为简洁。无论用来设计测试用例，或者预测测试工作量的大小，程序图都是十分有用的工具。

同逻辑覆盖法相似，路径测试也有若干种衡量覆盖程度的方法。图5-6是一个仅含2个判定的简单程序图。除去起始和终止结点S和E外，共有6个结点（1～6）和9条边（a～i）。现在就结合此图，来说明路径测试的覆盖标准。

（1）结点覆盖：程序的测试路径至少经过程序图中每个结点一次，相当于逻辑覆盖中的语句覆盖。在图5-6中，执行路径abdghi和aceghi就可以满足结点覆盖。

（2）边覆盖：程序的测试路径至少经过程序图中的每条边一次。它相当于逻辑覆盖法中的判定覆盖。在图5-6中，执行路径abdfi与aceghi可以满足边覆盖。

同时满足上述两种覆盖的覆盖称为完全覆盖。测试简单程序时，这是最低的覆盖标准。

（3）路径覆盖：这种覆盖的要求是，程序图中每条路径都至少经过一次。在图5-6中，从S到E共有4条路径，即：① abdfi；② abdghi；③ aceghi；④ acefi。

路径覆盖与逻辑覆盖的差别在于：后者着眼于每个单独的判定结点，而前者考察的是整个路径。把路径覆盖和条件组合覆盖结合起来，便可实现差错能力最强的白盒测试。

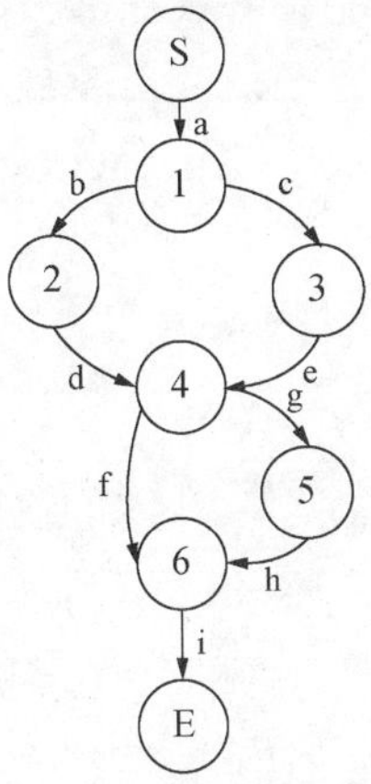

图 5-6　被测程序的程序图

这里需要强调指出的是，路径覆盖与穷举测试有根本的区别。当被测程序含有循环时，穷举测试要求在最大循环次数的范围内，试遍各种不同的循环次数和所有可能的路径，不管这些路径要重复多少次。路径覆盖不需要考虑程序的循环，只要求每条路径至少经过一次。

3. 测试设计策略和设计举例

以上简述了设计测试方法的各种技术，实践表明，它们都在程序测试中行之有效。但如果把它们单独使用，却没有一种足以产生一组完善的测试用例。所以在实际工作中，总是把这些技术结合起来使用，形成综合的测试设计策略，以满足不同测试阶段和不同程序的需要。

在综合测试及其后的测试阶段，除去很小的程序，都采用黑盒方法。其策略包括：

（1）用边界值分析法和等价分类法提出基本的测试用例。

（2）用猜错法补充新的测试用例。

（3）如果在程序的功能说明中含有输入条件的组合，宜在一开始就用因果图法，然后再按步骤（1）、（2）两步进行。

单元测试的设计策略稍有不同。因为在模块设计测试用例时，可以直接参考模块的源程序。所以单元测试的策略，总是把白盒法与黑盒法结合运用。具体的做法又有两种：

（1）先仿照上述步骤用黑盒法提出一组基本的测试用例，然后用白盒法做验证。如果发现用黑盒法产生的测试用例未能满足所需的覆盖标准，就用白盒法增补新的测试用例来满足它们。

覆盖的标准应根据模块的具体情况确定。对可靠性要求较高的模块，通常应满足条件组合覆盖或路径覆盖标准。

（2）先用白盒法分析模块的逻辑结果，提出一批测试用例，然后根据模块的功能说明用黑盒法进行补充。

在一般情况下，单元测试应该以白盒方法为主。下面举例说明测试用例的设计过程。

【例 5-5】 假设现有以下的三角形分类程序。该程序的功能是，读入代表三角形边长的 3 个整数，判定它们能否组成三角形。如果能够，则输出三角形是等边、等腰或任意三角形的分类信息。图 5-7 显示了该程序的流程图和程序图，为以上的三角形分类程序设计一组测试用例。

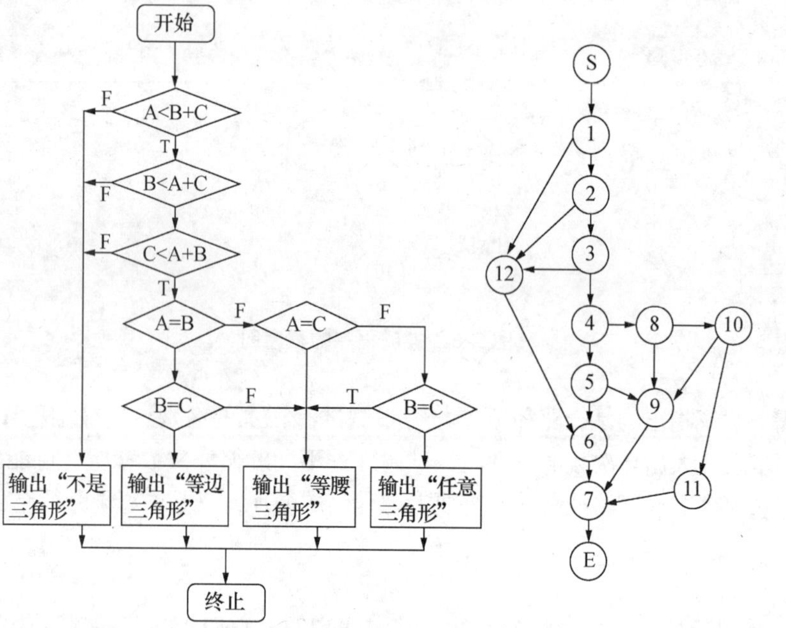

图 5-7 三角形分类程序的流程图和程序图

本例将先用黑盒法设计测试用例，然后用白盒法进行检验和补充。

第一步：确定测试策略。在本例中，对被测程序的功能有明确的要求，即：

（1）判断能否组成三角形；

（2）识别等边三角形；

（3）识别等腰三角形；

（4）识别任意三角形。

因此可首先用黑盒法设计测试用例，然后用白盒法验证其完整性，必要时再进行补充。

第二步：根据本例的实际情况，在黑盒法中首先可用等价分类法划分输入的等价类，然后用边界值分析法和猜错法做补充。

- 等价分类法

（1）有效等价类。输入 3 个正整数：

① 3 数相等；

② 3 数中有 2 个数相等，比如 A、B 相等；

③ 3 数中有 2 个数相等，比如 B、C 相等；

④ 3 数中有 2 个数相等，比如 A、C 相等；

⑤ 3 数均不相等；

⑥ 2 数之和不大于第 3 数，比如最大数是 A；

⑦ 2 数之和不大于第 3 数，比如最大数是 B；

⑧ 2 数之和不大于第 3 数，比如最大数是 C。

（2）无效等价类。

① 含有零数据；

② 含有负整数；

③ 少于 3 个整数；

④ 含有非整数；

⑤ 含有非数字符。

- 边界值法

2 数之和等于第 3 数。

- 猜错法：

① 输入 3 个零；

② 输入 3 个负数。

第三步：提出一组初步的测试用例，如表 5-10 所示。

表 5-10　三角形测试用例表

序号	测试内容	测试数据			期望结果
		A	B	C	
1	等边	5，5，5			等边三角形
2	等腰	4，4，5	5，5，4	4，5，4	等腰三角形
3	任意	3，4，5			任意三角形
4	非三角形	9，4，4	4，9，4	4，4，9	不是三角形
5	退化三角形	8，4，4	4，8，4	4，4，8	不是三角形
6	零数据	0，4，5	4，0，5	4，5，0	不是三角形
7		0，0，0			运行出错（类型不符）
8	负数据	−3，4，5	3，−4，5	3，4，−5	运行出错（类型不符）
9		−3，−4，−5			运行出错（类型不符）
10	遗漏数据	3，4			运行出错（类型不符）
11	非整数	3.3，4，5			
12	非数字符	A，4，5			

第四步：用白盒法验证第三步产生的测试用例的充分性。结果表明，表 5-10 中的前 8 个测试用例已能满足对被测程序图的完全覆盖，不需要再补充其他的测试用例。

5.3　测 试 策 略

5.3.1　单元测试

单元测试是一系列软件测试的第一步，通常在编码阶段进行。单元一般指程序中的模块或子程序，是程序中最小的独立编译单位。从单元开始而不是一开始就对整个程序进行测试，至少有3点好处：① 减少测试工作的复杂性；② 易于确定错误的位置，并进行纠错；③ 可同时对多个模块测试，缩短测试的周期。

1. 目的与步骤

单元测试的目的在于考察模块的接口和内部结构，看它们是否符合模块功能说明的需求。测试的重点应该放在以下5个方面。

- 模块的接口；
- 局部数据结构；
- 重要的执行路径；
- 出错处理路径；
- 影响以上各项的边界条件。

接口是数据出入模块的通道。接口不正常，其他测试均无从进行。所以在单元测试中，首先要检查流经模块接口的数据是否正常。数据结构是编码中容易出错的环节。在进行单元测试时，应着重检查模块的局部数据结构，把全局数据结构放在综合测试中去考察。路径测试的关键是选好执行路径。选择覆盖的路径时，既要避免仅凭直觉来确定覆盖标准，也要防止因测试过多所造成的浪费。在具有复杂嵌套分支的模块中，至少要把85%～90%的分支覆盖作为完成单元测试的客观标准。另一个在编码中易受忽视的环节是出错处理，单元测试中也须给以足够的重视，才不至于留下隐患。

完整的单元测试，应包括动态测试及在它以前的全部测试工作。其实施步骤通常为：

编译模块→静态分析→代码复审→动态测试。

其中除代码复审采用人工方式外，其余各步都应在计算机上进行。

模块编码后，首先要在计算机上编译。用编译程序来发现语法错误，其效率比人工检查高得多。这一步仅限于编译，即仅把源代码当作加工对象，而不是要它执行。接着对源代码做静态分析，找出程序的结构性错误。这时的源代码已消除了语法错误，但在程序结构、程序功能，以及编码的标准与风格等方面，仍不免存在错误和问题。

代码复审完毕，就可以进入动态测试。考虑到心理上的因素，最好让程序员交换测试其他人的模块，或者另外找一批测试人员来测试。全部测试结束后，要编写单元测试报告，其内容应包括静态分析、结构测试（白盒）与功能测试（黑盒）3个方面的项目与结果。

2. 驱动模块和桩模块

模块不是独立的程序，在一个程序中，每一个模块都可能调用其他模块或者被别的模块调用，或者兼而有之。所以尽管模块可以单独编译，却不易单独测试。为了解决这个问题，可以在单元测试时，为被测模块编一些测试模块，作为它的上级模块或下级模块的替身。代替上级模块的称为驱动模块，代替下级模块的称为桩模块。

需要指出的是，替身模块应该是真实模块的简化，只需要模拟与被测模块直接有关的一部分功能。替身模块是软件测试的额外开销，测试结束后就完成其历史使命，一般不把它们交给用户。下面以图5-8所示的教材销售为例来说明。

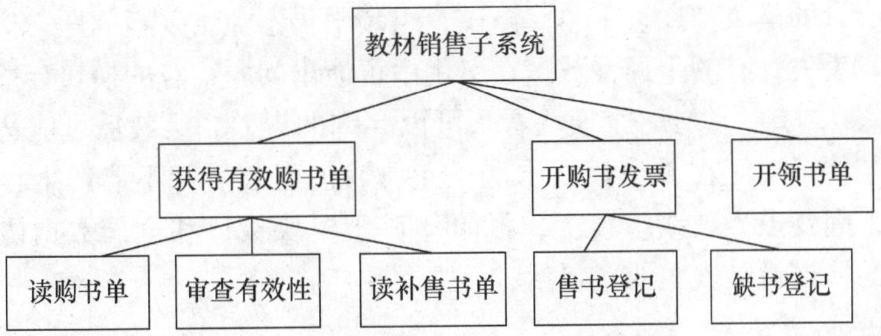

图5-8　教材销售子系统的软件结构图

【例 5-6】　假设现需要对“开购书发票”模块进行单元测试。试为该模块设计所需的驱动模块和桩模块。

如图 5-9 所示，“开购书发票”模块要调用两个下属模块，故需两个桩模块。它又受“销售”模块的调用，需要一个驱动模块。图 5-9 显示了“开购书发票”模块所需的 3 个测试程序的内容，以伪代码表示。

驱动模块（代替“销售”模块）
输入学号与姓名 重复输入书号与数量 打开〈教材存量表〉文件 调用“开购书发票”模块 关闭〈教材存量表〉文件 停止或重新启动
桩模块（代替“售（缺）书登记”模块）
打印“学号 =”，学号 打印“姓名 =”，姓名 打印“书号 + 数量 =”，书号，数量 打印“售（缺）书登记完毕”

图 5-9　“开购书发票”模块的测试程序

同真实的程序相比，图中的 3 个测试程序都做了明显的简化。例如，真实的销售模块要调用 3 个下级模块，现在只调用“开购书发票”模块，而且把开发票所必需的学号、姓名等数据直接从驱动模块读入。又如“售（缺）书登记”模块要访问“售（缺）书登记表”文件并写入新记录，桩模块省去了这些操作，代之以一条打印语句“售（缺）书登记完毕”，通知测试者“开购书发票”模块已经调用过“售（缺）书登记”模块。另外的 3 条打印语句，是为了检查“开购书发票”模块能否将上级模块接收到的信息正确地传送给下级模块，并检查有哪些书号登入了售书文件，哪些书号登入了缺书文件。总之，在满足被测模块需要的前提下，驱动模块和桩模块的内容应尽量简单，不要画蛇添足。

5.3.2　综合测试

模块通过单元测试后，要组装为程序，在组装过程中进行的测试，称为综合测试。经验表明，即使所有的模块都通过了单元测试，组装中仍不免出现新问题。例如，有的数据会在穿过接口时丢失；有的全局性数据在引用中可能出问题；有的模块会发现来自其他模块的"无意伤害"；有些单独一个模块看来可以允许的误差，组装后可能达到不能容忍的地步；尤其是某些子功能在单个模块中测试正常，但组装后却不能产生程序所需要的功能。显而易见，问题虽表现在组装上，根源却在于模块接口和全局数据协调得不好。因此，综合测试的错误检验表主要应包括：

- 不正确的接口；
- 因存取全局数据引起的块间干扰；
- 不一致的文件与数据结构；
- 不适当的模块调用顺序；
- 出错处理上的错误等。

为了防止软件开发人员忽视或不愿查找自己程序中的错误，综合测试最好由独立的测试小组进行。由测试小组提出测试用例，记录测试结果，并编制测试报告。

综合测试通常采用黑盒测试策略，其实施策略又分为非渐增式和渐增式两种。前者一次就把所有的模块组装在一起，对整个程序进行测试。后者从一个模块开始，测一次添一个新模块，像"滚雪球"一样越滚越大，直到把所有的模块都组装完毕。其中，渐增式测试又可分为自顶向下测试、自底向上测试及混合测试等方法。以下就讨论这些不同的实施策略。

1. 渐增式测试

采用渐增式测试策略时，一次就把通过了单元测试的所有模块组装起来，进行全程序的测试。许多文献又把它称为"莽撞测试"，以比喻其来势迅猛，这种方式的最大缺点是"大家一起上"，出了问题很难找到错误在哪个模块。因此，除了规模最小的程序，很少采用这种测试策略。

2. 自顶向下测试

自顶向下测试属于渐增式方式。测试时从顶层模块开始，沿被测程序的结构图逐步下移，每次只增加一个新的模块。按照移动路线的差异，又可分为深度优先和广度优先两种具体做法。下面结合图 5-10 所示的程序进行说明。

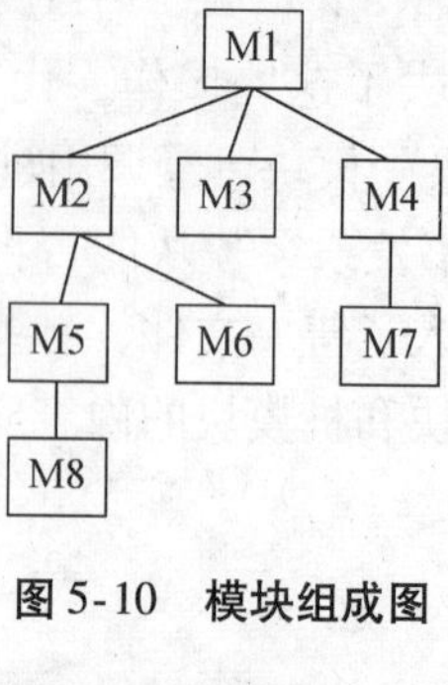

图 5-10 模块组成图

（1）先深度后广度的方法。这时模块组装的顺序是：

M1→M2→M5→M8→M6→M3→M4→M7

首先从 M1 开始，用 3 个桩模块 S2、S3、S4 分别替代 M2、M3 和 M4，对 M1 进行测试，如图 5-11（a）所示。完成后，把 S2 换成 M2，并用 S5、S6 作为 M2 的桩模块，对包括 M1、M2、S3、S4、S5 和 S6 在内的 6 个模块一起测试，如图 5-11（b）所示。如果通过，再用 M5 及其桩模块 S8 取代 S5，进行新一轮的测试，如图 5-11（c）所示。依此类推，直到最后一个桩模块 S7 更换成真正的模块 M7 为止。

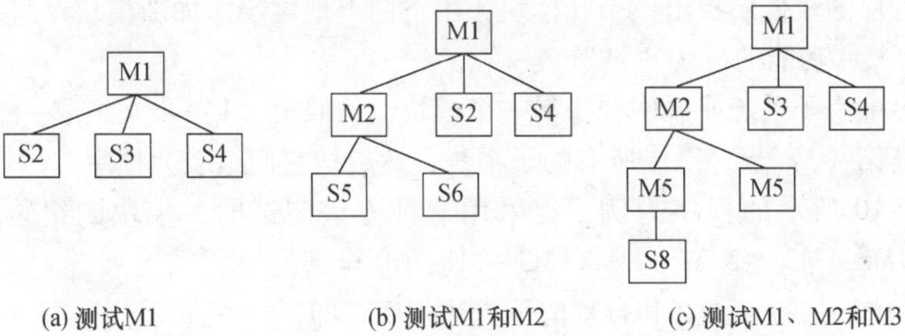

图 5-11　先深度后广度的测试

（2）先广度后深度的方法。做法与深度优先方法相似，但此时模块的组装顺序将变成：

M1→M2→M3→M4→M5→M6→M7→M8

无论深度优先或广度优先，每当增加新的模块时，都要同时加上与之配套的桩模块，去掉上一轮测试中作为替身的桩模块。由于每次只增添一个模块，如果出了错误，仅须在新增的模块和接口中寻找，远比非渐增式测试容易定位和纠正。

自顶向下测试还具有以下几个特点。

（1）能较早显示出整个程序的轮廓。虽然在测试的早期，有不少模块是用桩模块模拟的，但仍可看出程序的概貌，且可向用户进行演示。这对于增强开发人员的信心，取得用户的支持，都有重要的作用。

（2）自顶向下的组装顺序，保证任何模块在加进程序前，其上级模块已先它装入，所以模块的驱动可以利用真实模块，只需编写桩模块供测试之用。

（3）由于每轮测试仅添加一个新模块，整个程序的组装需要多轮测试才能完成，每轮都要设计一批测试用例，其中既有新的测试项目，也包括一些老的测试项目。这固然会比非渐增式测试耗费更多的时间，但却使被测程序获得更为彻底的检验。尤其是处于程序较上层的一些模块，可以得到更多的测试机会。

由顶向下测试的主要缺点，是不易产生测试用例。以图 5-10 程序为例，假定 M2、M5、M6 与 M8 属于程序的输入部分，M4 与 M7 属于其输出部分。在对 M1、M2 等上层模块进行头几轮测试时，它们的下级模块大部分是桩模块，很难模拟 M1 与 M2 所需要的全部测试数据。因此，有些项目只能被迫推迟，等真实模块加到程序中之后再进行测试。再如，假设 M8 是从系统外接受输入数据的模块，M7 是系统的输出模块。当用深度优先方法组装到最后一个模块 M7 时，需要按照 M7 所要求的各种输出情况来设计应该输入 M8 的测试数据。由于在 M8 与 M7 之间隔着 M5、M2、M1 和 M4 等多个模块，要确定给 M8 输入什么样的数据才能使 M7 产生预定的输出，是十分困难的事情。

3. 自底向上测试

自底向上测试是渐增测试的又一种方式。同自顶向下测试相似，每次也只增添一个新模块，完成程序的组装要经过多轮测试。但模块的组装顺序恰与自顶向下测试相反，采取由下向上的路线。典型的测试步骤是：

（1）从程序的较低层找出一个叶模块，由下向上地逐步添加新模块，组成程序的一个子系统或具有某一功能的模块"群"。

（2）从另一个子系统或群中选择另一个模块，仿照第（1）步又组成一个子系统。

（3）重复第（2）步，得出所有的子系统，然后把它们组装为程序。

仍以图 5-10 所示的程序为例，当采用这种方法测试时，模块的组装程序可能是：① M8→M5→M6→M2；② M7→M4→M3→M1；③ 全部模块。

自底向上方法的特点正好和自顶向下方法相反，即：

（1）不能在测试的早期显示出程序的轮廓。程序的总体结构，要等到加入最后一个模块时才能最终形成。

（2）测试软件只需要驱动模块，不用桩模块。在多数情况下，编写驱动模块要比桩模块容易。

（3）由于每个子系统的测试均从下层模块开始，所以容易产生测试用例。

4. 混合方式测试

以上简要叙述了非渐增式测试和两种渐增式测试的实施步骤与特点。非渐增式测试企图一下子解决问题，其实是胡子眉毛一把抓，缺点是明显的。渐增式测试虽然要耗费更多的时间，但纠错容易，对程序的测试也比较彻底。在计算机价格日益下降，人工费用不断增加的情况下，多数开发公司宁可采取渐增式的测试方式。但是对自顶向下和自底向上两种策略的评价，意见并不统一。

混合测试方式的要点如下：

（1）对上层模块采取自顶向下测试，使得能够较早显示程序的总体轮廓。

（2）对某些关键模块或子系统采取自底向上组装和测试的方法，以便能够较容易地产生测试用例，减少对模块重复测试的次数。

这里所说的关键模块，通常是指：

（1）具有输入输出功能的模块，提前将它们组装进程序，将使测试用例的设计变得较为容易。

（2）有重要功能或含有新算法的模块。把它们存在的问题及早弄清，便能有更多的时间采取补救的措施。

还须指出，对于一些较大的程序，例如包括 50～100 个模块的程序，采取纯粹的自顶向下测试方式，将使接近顶层的模块重复测试约 50～100 遍。不仅会浪费计算机的时间，也会耗费测试人员的精力。如果把某些子系统作为单独的部分进行自底向上的测试，通过以后暂时放在一边，在适当的时候，将它们加入自顶向下的结构，就可以节约大量的人力和计算机资源，又不至于降低测试的质量。

5.3.3　高级测试

综合测试完成后，模块已组装为程序，下一步就可以整个程序为对象，进行更高等级的测试。高级测试按测试范围的大小分为：确认测试和系统测试。

1. 确认测试

确认测试继综合测试之后进行，是测试阶段的第二步工作。其目的是确认所开发的软件是否符合软件需求规格说明书（SRS）的要求。软件需求规格说明书应含有质量保证的内容。事实上一切正规的软件开发项目，都应根据软件需求规格说明书对质量保证的要求，订出软件的“验证与确认计划”。这个计划的前半部分规定了各个开发时期的复审要求，后半部分则是确认测试的工作依据。

一般来说，确认测试应包括以下几方面的内容。

（1）功能测试，确认被测程序是否实现了软件需求规格说明书中规定的一切功能，找出尚未实现的功能需求。

（2）性能测试，包括程序执行时的响应时间和处理速度，占用内存和外存的容量，以及通道传输能力等。要设计测试用例，检查被测程序在上述诸方面有没有达到规定的目标。

（3）强度测试，用于检查程序对强负荷的承受能力。例如，一个空中交通管理系统，可能要模拟测试最大数量的飞机同时飞入管制区域时，系统的适应能力；一个分时操作系统，需要检查全部终端在同一时间调用系统会出现的情况；一个过程控制软件，需要测试所有被控过程一齐发来信号时的情况。通过这类测试，就能了解程序的极限能力。

确认测试是由软件开发单位组织进行的最后一次测试，也是在把软件交付给用户、进行正式的安装和验收之前所做的一次重要的准备。为了确保测试的质量，应该：

① 由开发单位组织独立的测试小组测试，避免由原开发小组测试自己的程序；

② 吸收任务委托单位及用户代表参加测试，以提高用户对测试结果的可信度；

③ 将测试中发现的错误填入缺陷表，交开发单位处理解决。

确认测试结束后，开发单位就可以把程序交付委托单位或用户，进行系统测试了。

2. 系统测试

系统测试是在更大范围内的测试。因为系统中除了新开发的程序外，还可能包括硬件和原有软件。系统测试的任务，就是要把新开发的软件安装到系统中，检查它能否与系统的其余部分协调运行，完成系统规格说明书中对它提出的要求。因此，系统测试通常由任务委托单位或用户组织的验收小组负责，软件开发单位除了参加新开发软件的安装外，还应为系统测试创造良好的条件，并负责解决在测试中发现的所有与新开发软件质量有关的问题。

5.4 软件测试工具

5.4.1 自动化软件测试的特点

软件测试不仅经过软件开发人员采取测试步骤、方法不断测试程序，同时也采用测试工具从不同角度测试软件，因此，就形成了自动化测试过程。自动化测试是使用自动化测试工具来验证各种测试需求，包括测试活动的管理和实施。测试工具提供了一系列设施，能够显著地减少测试费用和降低测试工作强度。例如，测试软件中的某项特性，不仅要检查前面测试中发现的软件故障和缺陷是否得到修复和改进，同时还要检查修复过程中是否引入了新的故障和缺陷。如果要对软件进行强度测试，可以采用测试软件工具生成大量的数据，而采用人工方式是无法达到的等情况。因此，要想实现严格、规范的软件测试，通过自动化软件测试工具，可以大大地提高软件测试效率。但是，目前还没有完全自动化的软件测试工具，自动化测试只是针对部分测试工作进行。

5.4.2 测试工具的分类

自动化测试工具提供测试软件平台，用来支持测试过程的集成的工具集，不仅支持程序的基本测试用例的产生和测试结果的收集，也对系统外部接口、子系统模拟执行等提供支持。特别是大规模的软件开发需要创建比较全面的自动化软件测试平台。通常自动化测试平台中都包含如下的一些工具。

1. 静态分析器

静态分析器用于分析代码而不执行代码的测试，通过扫描被测程序代码，从中找出可能导致错误的逻辑错误或异常，监督程序代码复杂度，以及代码编写是否遵循程序编写的标准等。如变量定义未使用，变量使用前未赋值，函数的形参个数、类型不匹配等。

2. 动态分析器

动态分析器用来评估正在运行的软件，统计并显示被测程序中语句的执行次数，可以测试校验哪些代码已经被测试，面向代码语句覆盖、条件覆盖、路径覆盖等；有助于发现循环是否正常终止，或逻辑判定是否正确、边界检查和漏洞检测等。

3. Web 测试工具

Web 测试工具是目前较为流行的一种测试工具，测试在不同的负载级别之下客户机/服务器和 Web 应用程序等，检验链接是否有效，客户和服务器端的代码、Web 站点的交互是否正常工作。

4. 文件比较器

文件比较器用来自动比较程序的测试结果和预期结果的差别，从而提供给测试人员分析程序错误的有用信息。使用文件比较器可以保证文件比较的全面，也可以对测试实例产生的报告进行管理和比较。

5. 测试管理工具

用于测试的计划管理、文档管理和各种测试行为的管理，能够跨越应用的全部生命周期，从早期的计划阶段直至测试设计都自动安排和执行。它包括需求的检查及确认，测试执行的安排和产品是否具备发布条件的评估的报告功能。

6. 测试数据生成器

测试数据生成器用于自动生成被测软件所需要的测试用例，可以实现系统所需要的输入数据和输出数据，特别是对于存储在数据库中的大量测试数据的生成系统，可以减少人工方式输入所占用的大量工作量，提高输入效率。如学校的学生档案管理系统的测试，可以编写测试软件生成大量的学生档案信息，自动存入数据库中，便于系统的测试。

5.4.3 常见的测试工具实例

随着软件测试的地位逐步提高，测试的重要性逐步显现，测试工具的应用已经成为了普遍的趋势。目前用于测试的工具已经比较多了，这些测试工具一般可分为白盒测试工具、黑盒测试工具、性能测试工具，另外还有用于测试管理（测试流程管理、缺陷跟踪管理、测试用例管理）的工具。

1. 自动化白盒测试工具 Jtest

Jtest 是 Parasoft 公司推出的一款针对 Java 语言的自动化白盒测试工具，它通过自动实现 Java 的单元测试和代码标准校验，来提高代码的可靠性。Jtest 先分析每个 Java 类，然后自动生成 Junit 测试用例并执行用例，从而实现代码的最大覆盖，并将代码运行时未处理的异常暴露出来；另外，它还可以检查以 DbC（Design by Contract）规范开发的代码的正确性。用户还可以通过扩展测试用例的自动生成器来添加更多的 Junit 用例。Jtest 还能按照现有的超过 350 个编码标准来检查并自动纠正大多数常见的编码规则上的偏差，用户可自定义这些标准，通过简单的几个点击，就能预防类似于未处理异常、函数错误、内存泄漏、性能问题、安全隐患这样的代码问题。

2. 企业级自动化测试工具 WinRunner

Mercury Interactive 公司的 WinRunner 是一种企业级的功能测试工具，用于检测应用程序是否能够达到预期的功能及正常运行。通过自动录制、检测和回放用户的应用操作，WinRunner 能够有效地帮助测试人员对复杂的企业级应用的不同发布版进行测试，提高测试人员的工作效率和质量，确保跨平台的、复杂的企业级应用无故障发布及长期稳定运行。最主要的功能是自动重复执行某一固定的测试过程，它以脚本的形式记录下手工测试的一系列操作，在环境相同的情况下重放，检查其在相同的环境中有无异常的现象或与实际结果不符的地方。可以减少由于人为因素造成结果错误，同时也可以节省测试人员大量测试时间和精力。

3. 功能测试工具 SilkTest

SilkTest 是面向 Web 应用、Java 应用和传统的 C/S 应用，进行自动化的功能测试和回归测试的工具。它提供了用于测试的创建和定制的工作流设置、测试计划和管理、直接的数据库访问及校验等功能，使用户能够高效率地进行软件自动化测试。为提高测试效率，SilkTest 提供多种手段来提高测试的自动化程度，包括：从测试脚本的生成、测试数据的组织、测试过程的自动化、测试结果的分析等方面。

4. 功能测试工具 Rational Robot

IBM Rational Robot 是业界最顶尖的功能测试工具，它甚至可以在测试人员学习高级脚本技术之前帮助其进行成功的测试。测试人员可以计划、组织、执行、管理和报告所有测试活动，包括手动测试报告。

5. 测试管理系统 TestDirector

TestDirector 是业界第一个基于 Web 的测试管理系统，它可以在公司内部或外部进行全球范围内测试的管理。通过在一个整体的应用系统中集成了测试管理的各个部分，包括需求管理、测试计划、测试执行以及错误跟踪等功能，TestDirector 极大地加速了测试过程。

5.5 纠错技术

纠错要完成两方面的工作。即：① 确定错误的性质与位置；② 改正错误。其中前一项工作的工作量，约占整个纠错的95%，譬如治病，错误定位可以看成把症状与病因连接起来的一个过程。找出了病根，下药就不难了。

无论进行哪一级测试，随后都要进行纠错。事实上，测试与纠错总是交替进行的。以下对纠错常用的方法与原则，分别进行简要的介绍。

5.5.1 纠错的方法

在长期的实践中，人们积累了丰富的纠错经验，归纳了一组“分析为主、强调思考”的纠错方法。

1. 跟踪法

跟踪执行可疑的程序段，是小型程序常用的纠错方法。

其中一种称为反向跟踪，例如程序在某处发生了数据溢出错误。经初步检查，知道溢出是表达式中两数相除之后产生的。显然，如果以前曾给表达式的分母赋过零值，就会在相除时发生溢出。所谓反向跟踪，就是从发现有错的地方开始，逐步往前回溯，直到找出错误的根源，这种方法是非常有效的。但这里有两条限制。第一，必须事先知道产生错误结果的语句位置，将它作为回溯的起点；第二，程序的分支及嵌套不能太多，否则会造成回溯的路径过多，变得不易执行。

与回溯相反的跟踪方法是正向跟踪。即沿着程序的控制流，跟踪每条语句的执行情况，找到最先出现错误或异常的地方，进行分析、纠错。

2. 演绎法

演绎法纠错的过程是，首先根据错误症状列举出所有的可能原因。通过仔细的分析，将其中根据不足或不会发生的原因排除掉。然后对余下的原因做更细的分析，进而确定它们确实是要找的错误，还是应继续排除。如果第一批列举的原因全都排除了，可通过新的测试收集补充数据，再举出下一批可能的原因，并重复以下的过程，直至得出结果。

3. 归纳法

从特殊到一般，从个别到全体的推理过程，就叫做归纳法。

所谓归纳法纠错，实际上是一个由错误征兆推出错误根源的过程。任何错误都会显示出某些征兆。每一个征兆都代表纠错的一个线索。把它们收集起来，分析它们相互间的关系，找出其中的规律，就有可能提出关于错误原因的假设。用这个假设来解释所有的测试结果，如果都能得到圆满的解释，则假设成立，错误根源就找到了。否则应继续提出新的假设，重复上述的过程。

4. 测试法

上述的演绎法与归纳法都是以分析为主的纠错方法，不需要在计算机上进行。但当原有的测试结果不够充分，需要收集更多的线索和数据时，就须提出新的测试用例，在机器上做补充测试。这种为纠错而进行的测试，可称为测试纠错，它常与演绎法或归纳法结合使用，也可以单独使用。

测试纠错与测试不同。后者是为了发现错误，着眼点是“面”，要求用较少的测试用例覆盖尽量多的路径；前者是为了找出错误根源，着眼点是“点”，每一测试用例一般仅覆盖测试者感兴趣的少数条件或路径。

5. 试凑法

对结构比较简单的程序，可以根据对错误征兆的分析，设定一个可疑区。然后采用一些简单的纠错手段，进一步获取可疑区的有关信息，借以肯定或修改原来的设想。这种试一步、看一步的方法，很像“碰运气”，纠错的效率一般比较低。

需要强调指出，纠错是一个需要高度智慧、用脑思考的过程。实验表明，使用纠错辅助手段并不总能加速纠错的过程。在许多情况下，爱动脑筋的人往往比爱用“工具”的人有更好的成绩，但这并不是说，纠错手段不起作用。在鼓励“多思”的前提下，用适当的纠错手段作为补充，常常有较好的效果。

5.5.2 纠错的辅助手段

1. 打印语句

在源程序的适当位置插入打印语句，可以显示程序的执行动态和变量变化。例如在输入语句后插入打印语句，可核对装入的数据是否正确；把计算过程的中间结果打印输出，可以判断哪些中间步骤有问题，哪些步骤没有问题。这种方法的优点是简单、灵活，哪里需要或者可疑，就在哪里插入一条打印语句。但效率不高，找到错误后还要记住把它们删去。在插入与删除打印语句的过程中，均应细心避免引入新的错误。

2. 调试语句或调试程序

不少高级语言能提供少量用于调试的语句，可以写入源程序供纠错之用。例如，跟踪（trace）语句和显示（display）语句，可用于自动跟踪和显示语句的执行结果；断点设置语句，能使源程序在断点处暂时挂起，以便测试者在终端上检查程序的状态。

3. 转储命令和程序

利用调试程序中的转储命令或系统单独提供的转储程序，可以输出存储器指定区域的全部内容。当使用其他纠错方法未能奏效时，可以用 dump 命令打印出内存可疑区域的全部信息，供调试者分析错误的根源。此法的好处是信息安全，只要耐心检查总能找出问题。

本章要点

本章详细描述了软件测试的步骤、方法和工具，测试步骤给出四个方面的测试：单元测试、综合测试、高级测试和确认测试；在测试方法中包含了黑盒测试、白盒测试，对自动化测试工具的特点和所具有的功能进行描述，也给出了目前常见的自动化测试工具。

练习

5.1 软件测试的基本任务是什么？测试与纠错有什么区别？

5.2 软件测试包括哪些类型的测试？这些测试之间的区别是什么？

5.3 单个组件经过代码审查和测试，其有效性已经得到了全面验证，请解释为什么仍然需要进行集成测试。

5.4 请结合等价类方法给出 getNumDaysInMonth（int month，int year）方法的测试用例。其中，getNumDaysInMonth 方法根据给定的月份和年份返回该月份的总天数。

5.5 现在要对一个自动饮料售货机软件进行黑盒测试，该软件的规格说明如下：

一个自动售货机软件可以销售单价 1 元 5 角的盒装饮料。该售货机只接收 1 元和 5 角两种硬币，若投入 1 元 5 角硬币，按下“可乐”、“雪碧”或“红茶”按钮，则送出相应饮料；若投入硬币少于 1 元 5 角，则显示错误信息并退出硬币；若投入的硬币多于 1 元 5 角，则送出饮料的同时退还多余的硬币。请设计测试该软件的全部测试用例。

第6章　软件工程管理

本章概述和学习目标

通过本章的学习，将会了解到软件工程管理的任务和管理的内容，详细描述软件工程管理的活动，对每个活动列举管理的步骤、方法和工具。分为以下6个方面：

- 软件工程管理的目的；
- 软件项目进度管理；
- 人员管理；
- 软件成本管理；
- 软件质量管理；
- 风险管理。

软件工程管理是软件工程的一个重要组成部分。软件工程的所有活动，包括需求分析、软件设计、编码实现和软件测试等活动都需要进行软件工程管理。好的管理能够促进软件项目的成功，不好的软件工程管理注定带来项目的失败。从实施软件项目的开发工作以来，软件项目常常不能如期完成、可靠性差、成本增加，在软件功能和性能方面不能满足用户的需求。因此，对软件项目实施软件工程管理是任何软件开发过程中必不可少的一部分，需要对软件开发人员、成本、进度和质量加以管理，使软件项目能够按照预定的成本、进度、质量顺利完成软件开发任务。软件工程管理贯穿整个软件开发过程，对软件项目实施科学、有效的管理。

本章要求：学生掌握软件工程管理的具体步骤、方法和工具，学会运用软件工程管理的手段对软件开发过程实施有效的管理，重点掌握软件工程管理的基本方法和工具。

6.1　软件工程管理的目的

6.1.1　软件工程管理的目的与内容

软件项目管理的对象是软件工程项目。它所涉及的范围覆盖了整个软件工程过程。为使软件项目开发获得成功，关键问题是必须对软件项目的工作范围、可能风险、需要资源（人、硬件/软件）、要实现的任务、经历的里程碑、花费工作量（成本）、进度安排等做到心中有数。这种管理在技术工作开始之前就应开始，在软件从概念到实现的过程中继续进行，当软件工程最后结束时才终止。软件项目管理是为了使软件项目能够按照预定的成本、进度、质量顺利完成，而对人员（People）、产品（Product）、过程（Process）和项目（Project）进行分析和管理的活动。软件项目管理的根本目的是为了让软件项目尤其是大型项目的整个软件生命周期（从分析、设计、编码到测试、维护全过程）都能在管理者的控制之下，以预定成本，按期、按质地完成软件，交付用户使用。研究软件项目管理是为了从已有的成功或失败的案例中总结出能够指导今后开发的通用原则和方法，同时避免前人的失误。

软件项目管理的提出是在20世纪70年代中期的美国，当时美国国防部专门研究了软件开发不能按时提交、预算超支和质量达不到用户要求的原因，结果发现70%的项目是因为管理不善引起的，而非技术原因。于是软件开发者开始逐渐重视起软件开发中的各项管理。到了20世纪90年代中期，软件研发项目管理不善的问题仍然存在。据美国软件工程实施现状的调查，软件研发的情况仍然很难预测，大约只有10%的项目能够在预定的费用和进度下交付。1995年，据统计，美国共取消了810亿美元的商业软件项目，其中31%的项目未做完就被取消，53%的软件项目进度通常要延长50%的时间，只有9%的软件项目能够及时交付并且费用也控制在预算之内。

软件项目管理和其他的项目管理相比有相当的特殊性，使得软件工程管理具有很大的难度。其特殊性表现在以下几个方面。

1．软件产品的无形性

对于工厂生产产品、建筑行业所完成的建筑等项目都有明显的制造过程，管理者能够看到正被开发的产品，随时知道目前的进展情况，能够明确已完成的和未完成的数量和质量，明确今后需要多少人力、时间，以及如何改进技术或工艺以提高产品质量。但是对于软件开发来说，由于软件产品本身是一个智能化产品，与软件开发人员有着密切相关性，造成软件产品的无形性，看不见、摸不着，软件管理人员看不见软件开发的进展情况，无法区分已完成的和未完成的部分，无法预见软件产品未来的质量情况。

2．没有标准的软件过程

像生产产品和建筑行业等都有明显的行业规范和标准，遵循一定的标准步骤和标准化要求来实施制造过程，人们对工程项目所能够达到的标准了如指掌。然而，软件工程虽然经历了几十年的发展历程，软件工程研究人员不断根据实践经验，提出新的方法、步骤、技术和工具，但是软件开发过程仍然不能制定统一的标准，任何软件都不能使用某一个软件开发过程，也不能根据以往的项目开发制定其他软件开发过程，究其原因，根源在于软件项目的多样性，软件项目规模不断扩大，越来越复杂，同时软件项目更多的是系统工程项目的一部分。

3．大型软件项目常常是一次性的项目

大型软件项目一般都不同于其他项目，有着自身的特殊性，并且伴随计算机和通信技术的飞速发展，新技术的引入也造成项目跟以往项目的差别，不能照搬照抄、一概而论。

因此，基于软件开发的特殊性，造就了软件工程管理的特殊性，如何能够实施软件工程管理，一直以来都是软件工程研究人员探求的一个重大课题。

软件项目管理的内容主要包括如下几个方面：人员的组织与管理、软件度量、软件项目计划、风险管理、软件质量保证、软件过程能力评估、软件配置管理等。这几个方面都是贯穿、交织于整个软件开发过程中的，其中，人员的组织与管理把注意力集中在项目组人员的构成、优化上；软件度量用量化的方法评测软件开发中的费用、生产率、进度和产品质量等要素是否符合期望值，包括过程度量和产品度量两个方面；软件项目计划主要包括工作量、成本、开发时间的估计，并根据估计值制定和调整项目组的工作；风险管理预测未来可能出现的各种危害以及软件产品质量的潜在因素并由此采取措施进行预防；软件质量保证是保证产品和服务充分满足消费者要求的质量而进行的有计划、有组织的活动；软件过程能力评估是对软件开发能力的高低进行衡量；软件配置管理是针对开发过程中人员、工具的配置、使用提出管理策略。

6.1.2　软件工程管理的活动

软件管理者负责对软件项目开发的规划和进度安排，对开发工作进行指导，确保项目能够达到要求的标准，同时对项目的进展情况进行监控，保证软件项目符合预算和进度要求，交付的软件项目能够达到既定的目标。根据软件工程管理所包含的内容要求，软件工程管理执行一系列活动，通常管理的活动有：

- 确定项目范围；
- 项目规划和调度；
- 项目成本估算；
- 项目组织与指导；
- 项目监督和控制；
- 项目总结和评价。

在软件项目的第一阶段中，确立项目范围，定义系统边界，明确项目的预期和约束，确定项目的各种活动和结果，计划确定完成项目所需的任务。在项目规划和调度中，规划项目需要完成的任务和每个任务所需要的时间，拟定项目进度表，评估影响项目的各种约束条件，如项目的交付日期、人员情况、总体预算等条件。成本估算涉及完成该项目计划的所有的资源的估算。进行项目组织，选择适合的人员开发该项目，项目团队的成员应该理解各自的角色和责任，项目管理者指导团队的活动，采取协调、协商、激励、忠告、奖励等措施指导团队成员。实施项目监督，密切关注项目的进展情况，不断进行项目评审，及时了解和修正项目开发过程存在的问题，监督和报告项目的进展，包括目标、进度和费用，在需要时做出合适的调整。项目管理者在项目结束时应及时总结经验教训，实现项目开发过程的持续改进。

6.2　进 度 管 理

6.2.1　项目计划

项目计划包括项目可用的资源、工作分解和完成任务的进度安排。在软件项目管理过程中一个关键的活动是制定项目计划。软件项目计划（Software Project Planning）是一个软件项目进入系统实施的启动阶段，主要进行的工作包括：确定详细的项目实施范围、定义递交的工作成果、评估实施过程中主要的风险、制订项目实施的进度计划、成本和预算计划、人力资源计划等。项目计划的目标是为项目负责人提供一个框架，使之能合理地估算软件项目开发所需的资源、经费和开发进度，并控制软件项目开发过程按此计划进行。在做计划时，必须就需要的人力、项目持续时间及成本做出估算。项目计划详细说明了所需工作及如何实现。它定义了每一个主要任务，并估算其所需时间和资源，同时为管理层的评估和控制提供了一个框架。

6.2.2 项目进度分配过程

项目进度要求明确任务的完成时间和任务之间相关性。软件工程管理者要估算完成各项任务所需的时间和资源，并按照一定的顺序把这些任务组织起来。因此，项目进度分配的过程如图6-1所示。

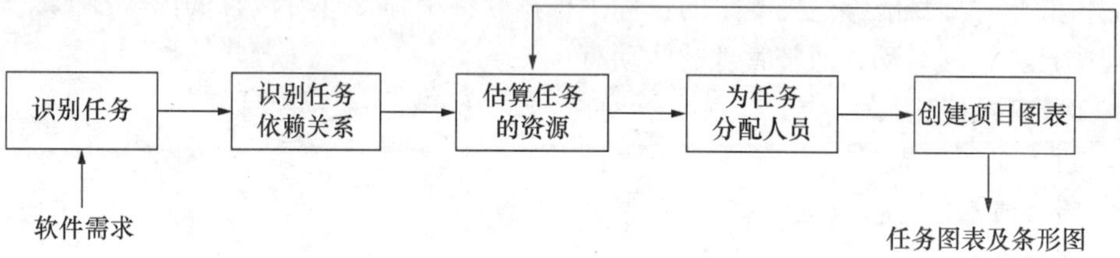

图6-1 项目进度分配过程

根据软件需求描述将项目分解成若干个不同的任务，标识为完成每个任务所需的时间，这些活动可能存在相互之间的依赖性和并行性，任务之间的依赖性表明了任务之间处理的先后顺序，一个任务开始可能需要某些任务必须完成，某些任务结束其他任务才可以开始；任务之间的并行性体现在某些任务与其他一些任务同时执行，不具有顺序执行的依赖关系。因此，要进一步识别出任务之间依赖性和并行性，对所需要进行的处理任务给出完成时间和需要的资源，如表6-1所示，列出项目的所有任务名称和任务预计完成所需要的时间，表明任务之间的依赖关系。

表6-1 任务的持续时间和依赖关系

任务	持续时间（天数）	依赖关系
A	10	
B	5	A
C	2	A
D	3	A
E	7	B、C
F	9	B、D
G	5	C、D
H	6	E、F、G

从表中可以看出项目完成所需要的一系列子任务，给出了各项任务的名称，本例中用字母符号表示任务名称，如A、B、C等，在实际的项目开发中经过对项目任务分解后能够获得任务的具体名称，可能是需求分析、某子程序的开发、集成测试等任务，可以直接用任务的实际名称表示。在表中也列举了任务持续的时间和依赖关系。表中任务的依赖关系表明了任务完成所需要的条件，如B、C、D任务都需要依赖A任务的完成，A任务完成，B、C、D任务才能开始，而E任务需要B、C任务都完成之后才能开始。对于各项任务之间的依赖关系，可以根据任务网络图的绘制步骤，绘制任务网络图。

6.2.3　项目进度管理的工具

软件项目的进度安排与任何一个工程的进度安排没有实质上的不同。首先识别一组项目任务，建立任务间的相互关联，然后估计各个任务的工作量，分配人力和其他资源，指定进度时序。把一个项目所有工作分解为若干个独立的活动，判断完成这些活动所需要的时间。有些活动是并行进行的，要考虑软件开发任务的并行性，若软件项目有多人参加时，多个开发者的活动将并行进行。软件管理人员协调这些并行活动并把整个活动组织起来，使人力资源得到充分利用。项目进度采用一系列图表表示。通过这些图表可以了解任务分解、活动依赖关系和人员分配情况。任务网络图和条形图是常用的两种项目进度的图形表示法。

1. 任务网络图

给出各项任务之间依赖关系的任务网络图是一种有向图，该图中用圆表示任务，圆内是任务的名称，有向弧或箭头表示子任务的进行，圆上的数字表明该任务预计的最早开始时间和结束时间，圆下的数字表明该任务预计的最迟开始时间和结束时间，如图6-2所示。

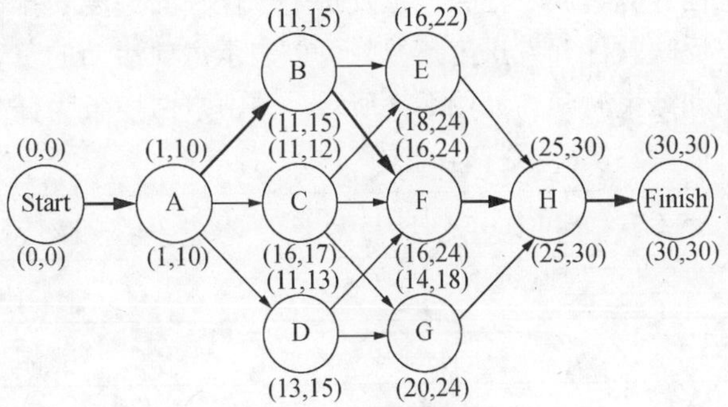

图6-2　任务网络图

基本的绘制步骤如下。

（1）绘制任务网络图的框架。首先设置两个任务圆圈，一个为开始（Start）任务，一个为结束（Finish）任务，这两个任务不代表任何的实际任务，也没有任务持续时间。将开始点放在最左端，然后连接任务持续时间和依赖关系表中的没有任何依赖关系的任务，可能是一个或多个任务，本例中为任务A，从开始任务连接箭头指向任务A，由于任务B、C、D依赖任务A，从任务A连接指向任务B、C、D，再根据其他任务的依赖关系连接其他任务，直至所有任务连接完成，将依赖关系中未出现的任务作为最后连接的任务与所设置的结束任务连接。

（2）标明任务最早起止时间。开始任务上以（0，0）标识项目的最早起止时间，与其相连的任务根据任务的持续时间顺次增加，如任务 A 的最早起止时间为（1，10），从第一天开始持续 10 天时间。最后的结束任务时间为整个项目完成时间，即（30，30）。

（3）标明任务最迟起止时间。从结束任务开始进行标识，设结束的最迟起止时间同其上的最早起止时间不变，在结束任务之前的任务的最迟起止时间的截止时间为结束任务的最迟起止时间的开始时间，如任务 H 的最迟起止时间的截止时间为结束任务的最迟起止时间的开始时间，即为 30，然后减去任务 H 的持续时间 6 天加上 1，则任务 H 的最迟起止时间的开始时间为 25。以此类推，每一个任务都要标上最迟起止时间，直到推回到开始任务的最迟起止时间为（0，0）为止。

（4）表明关键路径。通过对每个任务标明最早起止时间和最迟起止时间，可以看出有些任务的上下时间段是完全一样的，将这些任务连接起来的路径称为关键路径。关键路径上的任务节点不存在可以调节的时间，并且决定了整个任务的完成时间。如本例中项目的完成时间是 30 天，关键路径上的任务有 A→B→F→H 四个节点，其他非关键路径上的任务根据最早起止时间和最迟起止时间的不一致，可以对这些任务进行调整，调整的范围为该任务的最早起止时间的开始时间到最迟起止时间的结束时间。如任务 E 为非关键路径上的节点，它的可调整时间段为第 16 天开始最迟到第 24 天结束，该任务既可以从第 16 天、第 17 天或第 18 天开始，也可以从第 16 天开始延迟到第 24 天结束而不影响整个项目的工期。

2. 条形图

为了给每一个任务标明执行时间，可以利用条形图创建项目任务分配图。条形图常利用水平线段来描述把任务分解成子任务，以及每个子任务的进度安排，该表示方法简单易懂，一目了然，动态反映软件开发进度情况，可以表示每项活动的负责人或执行人，给出活动预计的开始时间和结束时间，如图 6-3 所示。图中空白横条为任务可能执行时间，带有灰色横条的任务可以调整实际执行时间。

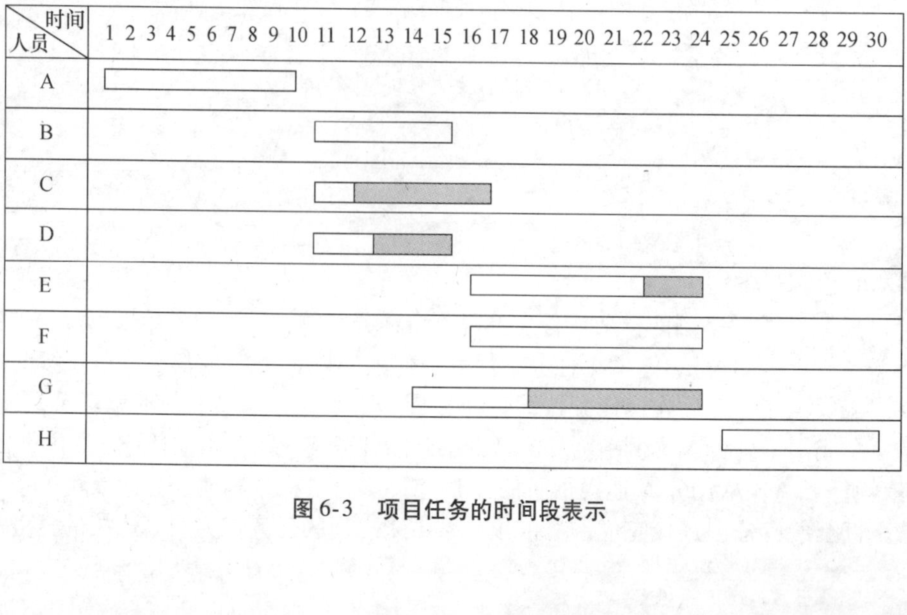

图 6-3 项目任务的时间段表示

根据条形图列出的项目任务的时间段表示，可以进一步对任务分配人员。如图 6-4 所示，给出项目任务的人员分配和时间表示。

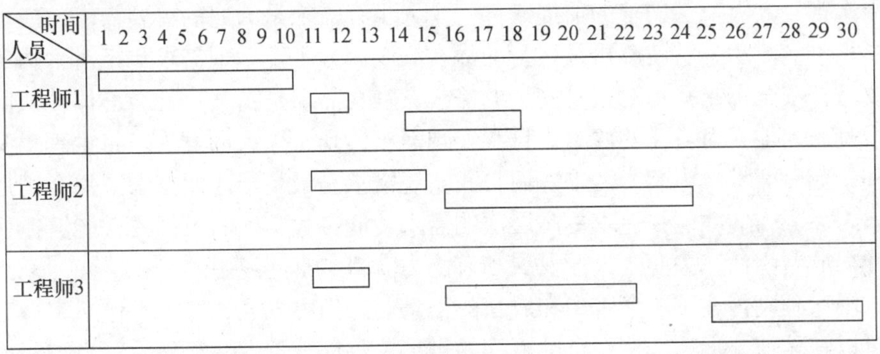

图 6-4　人员分配和时间表示

在人员分配上要考虑人员的能力、工作时间、休假的时间，以及可能存在的其他环境因素。软件工程管理人员根据任务网络图和条形图对项目的完成情况进行有效的控制，及时发现任务完成情况和可能存在的问题，及时解决问题，保证项目的如期完成。

6.3　人员管理

人是软件开发中最重要的因素，人的因素决定一个组织或者项目的成功，有效地管理人员对软件管理者是一个重大的挑战。项目管理者必须利用团队成员，用尽可能最有效的方式，解决软件开发中存在的问题，必须激励员工，规划并组织他们的工作，确保工作能够顺利地完成。软件管理者决定着能确保机构从员工的投资中获得最大的回报，尊重员工，使员工有一定的责任心，使他们的回报与他们的能力相称。

6.3.1　人员需求的层次

软件管理者要想对员工进行有效的管理，必须了解员工的需要，通过人员的需求分析，更好地激励员工，使员工尽可能有效率地工作。如果员工没有被激励，他们不会对正在从事的工作有兴趣，工作进度会很缓慢，会更容易犯错误并且不能对团队或项目有所贡献。人的动力有两方面：一个是内在动力，是人们根据自己的兴趣爱好而参与某一活动。例如，有些人喜欢读金庸的武侠小说，有些人喜欢唱歌、跳舞等，这些都是他们感到非常惬意的事情而产生的内在动力；另一个是外在动力，人们为了某种目的刻意强迫自己去从事的事情，如某些人为了获得某种报酬或避免某种惩罚而必须去做的事情。人类一直以来在努力寻找如何激励人们发自内心地主动努力工作的方法。

Maslow（马斯洛，1954），著名社会心理学家，建议通过满足人的需求来激发员工，这些需求被划分成一系列层次，建立了人类需求层次理论（Hierarchy of Needs），如图 6-5 所示。

需求层次理论是一个金字塔形结构，表示人们的行为受到一系列需求的引导和刺激。

在需求层次的最底层是生理需求。一旦人的生理需求得到满足后，安全需求就会引导人的行为，当人的安全需求得到满足时，就会出现社会需求、受尊重需求和自我实现需求，每个需求层次都是其上一层需求的前提条件。个人生存需求是人们的首要需求，一旦一种特定的需求得到满足后，它就不再是行为的潜在激励因素了。生理需求包括对食物、睡眠等的基本要求；安全需求是指对人身安全的需求；社会需求是指某一社会群体的认同感；受尊重需求是来自他人对自己的尊重；自我实现需求体现了个人的发展。将生理、安全、社会需求和受尊重需求作为基本需求，而自我实现需求是最高层次的需求。只有满足了人的基本需求之后，人们才能去追求更高层次的需求。能自我实现的人们具有能够抓住问题的关键、懂得欣赏生活、关心个人的发展和有能力获得丰富的经验。

需求层次理论传递了一个希望和成长的信息。人们可以通过努力工作来掌握自己的命运，也可以自然地、逐层地达到自己更高的需求。软件管理者必须集中精力来完成项目的目标，应当了解项目组成员的个人目标和需求，向他们提供合适的激励和最大化组织绩效。

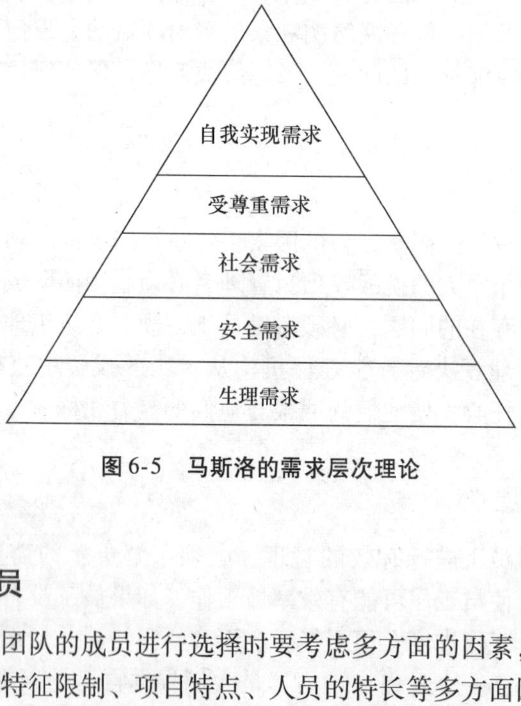

图6-5 马斯洛的需求层次理论

6.3.2 选择团队成员

软件管理者对组成团队的成员进行选择时要考虑多方面的因素，如受到机构内部人员的工作情况限制、人员特征限制、项目特点、人员的特长等多方面因素的影响，可能很难找到有相关技术和经验的人员，也可能存在找到了这些技术过硬的人员，但组成该项目的团队并不适合，同样会造成项目的失败。因此，在选择团队成员时，首先要考虑人员特征。

人员特征分为三类：

（1）面向任务型。这类专业人员的动力来自于他们所从事的工作。在软件工程中，他们是技术人员，软件开发智力上的挑战激发了他们的工作热情。

（2）面向自我型。这类人的动力主要来自于个人成功和社会认同。他们把软件开发看成是达到自己目的的手段，只关注自己的事情，有更长远的目标。他们希望在工作中获得成功以帮助实现这些目标。

(3) 面向交互型。这类人的动力来自于同事的存在和行动。他们通常喜欢小组工作，是更有效的交流者，而面向任务型和面向自我型喜欢独自工作。

在已经有一些候选人的情况下，选取小组成员不仅要考虑人员特征，同时也要考虑人员选取的其他因素，如表 6-2 所示。其中，最关键的因素依赖于应用的领域和项目组其他成员的技能水平。

表 6-2　人员选取的其他因素

人员选取的因素	解释说明
应用领域的经验	开发团队中必须有部分成员有一些领域经验
平台经验	某些特殊平台的掌握也是必要的
编程语言经验	有一定的编程经验能够有利于短期程序开发
解决问题的能力	能够采取相应措施和方法解决问题
教育背景	通过了解教育背景，能够获得人员的知识水平和能力
沟通能力	项目组成员能够与其他工程师、管理人员和客户进行口头和书面交流
适应能力	对人员、环境、任务的适应性代表了一种能力
态度	项目成员对工作有一个积极的态度，乐于学习新的技能
个性	需要有个性，但一定能够与其他成员协调一致

对一个长期项目，概念和应用领域的了解比专业知识特别是编程语言和方法更为重要，学习一门语言相对较为容易，而为解决复杂问题获得深层次的概念性知识则要困难得多。

6. 3. 3　团队管理

大多数的软件是由项目团队开发的，团队的规模人数多少不等，让团队中的每个人员都能有效地参加，采取把大型团队分成小的项目小组，每个项目小组都负责一个子项目，开发某个子系统，软件项目小组成员一般不超过 5～8 人，分成小型小组可以减少沟通中的问题，整个小组在一起讨论，或通过网络方式进行交流。组成一个高效的项目小组成为软件管理的重要任务，使小组在技术、经验和个性方面整体均衡，形成团队精神，使所有成员既为自己的个人目标工作，同时又能为小组的项目完成而努力工作。下面从以下几个方面对如何构造项目小组加以说明：小组的组成、小组的凝聚力、小组的沟通和小组的结构。

1. 小组的组成

软件开发小组通常是由一些对技术问题的解决有独到见解的人员组成的。往往他们对软件开发过程涉及的接口标准、编码风格、系统的设计习惯等有着自己的方式，在组成项目小组时应选择合适的小组成员以避免这些问题。根据上一节中描述的关于人员选取中应考虑的各种因素作为依据，考虑由性格互补的成员组成的小组比仅仅考虑技术能力选择成员的小组效率更高。从以下两个方面考虑构成小组。

（1）性格特征。按照上一节描述的三类人员特征，在组成项目小组时可以综合三类人员达到管理平衡。以工作为动力的人是面向任务型，很可能在技术上最出色，面向自我型的人员可能善于推动整个工作的完成，面向交互型的人员有利于小组内部沟通，综合三类人员可以有效地提高项目完成的效率和易于管理。面向交互型的人员喜欢与他人交谈，可以较早地发觉小组中的不和谐状态，及早发现软件开发过程存在的问题。因此，建议形成的项目小组如果在5人左右时，可以有面向任务型的人员2～3人，面向自我型的人员1人，面向交互型的人员1人。

（2）小组领导的作用。在一个小组内部，小组的领导担当相当重要的角色，起到项目指导和管理作用。小组领导必须密切关注小组每天的工作，确保其成员能够有效地工作。一般来说，小组领导应是技术上的权威，能够激发小组成员的工作热情。以下给出小组领导的几点建议。

- 对团队成员要友好、耐心；认为团队成员都具有多方面的优点，不要片面认为他们肯定具有不良习惯。
- 解决问题而不是责备人；任何事情都要积极帮助员工解决问题，而不是指责人。
- 建立定期而有效的会议；注重项目的目标和产生积极的效果。
- 逐步引导团队成员步入团队建设的过程中；团队建设都要遵循从形成到不断成熟的过程，不要期望团队立刻达到最高的绩效水平的工作状态。
- 组织活动促进小组成员的沟通和了解；组织一些有趣的活动让小组成员主动要求参加。
- 不断建议团队开发的一致性；形成小组成员认可的开发规范。
- 培养团队成员，鼓励相互之间互相帮助；确定并有计划地进行小组成员的培训，使个人和团队形成一个整体。
- 认可个人和团队的成绩；不断发掘出小组成员的进步和对团队建设、项目完成有力的结果，给予相应的鼓励。

2. 小组的凝聚力

形成一个有凝聚力的小组有利于建立起小组的开发规范和质量标准，同时能够促进小组成员的紧密配合，彼此了解各自的工作，互相学习，提高项目开发的效率，更好地完善项目的质量。小组凝聚力由多方面的因素决定，包括整体机构的文化和小组成员的个性，软件管理者可以采取多种方式增强小组的凝聚力。确保小组成员负责任、可信赖和保证小组成员的知情权，坦诚的信息交流可以增进小组成员的信任，也可以为小组成员及其家庭组织一些社会活动，建立小组的认同感。

3. 小组的沟通

软件开发小组成员需要良好的沟通能力，能够及时就各自的工作情况、完成中存在的问题和与其他人的工作如何衔接等进行沟通，良好的沟通也增进了小组的凝聚力。影响小组有效沟通的因素有以下几种。

（1）小组规模。随着小组规模的扩大，要保证所有的成员都能彼此有效地交流就变得非常困难。同时，小组上下级之间的交流也很难进行，往往是上级对下级的批评。

（2）小组结构。形成小组的层次管理结构容易造成小组成员会按照层次结构进行，处于同层次的人员可能并不交流，会造成项目的沟通和理解上的错误。

（3）小组组成。如果小组有很多人员组成并且个性突出，容易造成冲突，沟通不能正常进行。采取不同性格、性别和有交互性的人员参与其中，更有利于沟通。

（4）小组的工作环境。工作场所的布局可以很简单地推动或阻碍沟通的进行。提供充分的、开放式公共场所、提供小型会议讨论室等都会有利于进行沟通。

有效的沟通在于信息传递，在于人员感觉到的亲和力，能够以有效的方式提高小组内成员的沟通，行之有效的方法有以下几种。

（1）以一种有效和及时的方式分发重要信息。许多书面报告都能够提供给小组成员想要寻求的信息，包括项目的目标、执行标准、时间进度安排、预期的结果等信息形成正式报告分发给项目组成员，有助于项目组建立统一的目标和执行标准。也可以通过口头的信息传递来获得项目的进展情况，更容易获得真实感受。

（2）选择合适的沟通媒体。沟通的媒体可以有很多种，如书面、电话、电子邮件、信件、论坛和会议等，如果要获得若干人的支持，可以采取会议、电话等沟通方式，分析不同人员的个人偏好，采取不同的沟通媒体，可以更好地促进沟通。

（3）沟通的基础设施。根据一套工具、技术和原则，为人们进行有效的信息传递提供基础设施。工具包括电子邮件、项目管理软件、组件、传真机、电话、视频会议、文件管理系统以及文字处理软件等；技术包括报告的模板、会议规程、决策制定过程、冲突解决和协商办法等；原则包括提供开放式对话环境，遵循工人的工作道德规范等。

（4）使用软件辅助项目的沟通。许多组织寻求更有价值的管理软件来辅助项目开发人员的沟通。可以建立项目管理软件，提供不同信息的视角来满足沟通的需求，以不同的颜色、不同的文字、图形、视频或不同的媒体分别提供给不同的管理层的管理者，或提供给不同需要的开发人员，也可以进一步采取远程通信的方式，使不同环境、不同地域的员工进行有效的沟通。

4. 小组的结构

小组的结构通常有两种方式，一种是民主的小组结构，特别是目前的极限编程，由项目小组成员对项目的进度、项目改变的重大决定等进行决策，程序员一起编写程序，集体对开发的程序负责任。在早期称为“无我程序”，每个人的程序是大家的程序，任何项目的改变都由项目小组的成员给出解决办法，并做出决定。另一种方式是比较常见的主程序员小组结构，个人能力对程序的生产效率起到很关键的作用，选取的主程序员应该是熟练的、有经验的程序员，对整个软件开发过程负责。它的基本表示如图 6-6 所示。

主程序员小组结构可以结合民主小组方式，程序编写实现统一化，形成每个人都能了解其他的工作，人人参与程序的开发，但是对项目的任何修改和决策由主程序员做最后的决定。

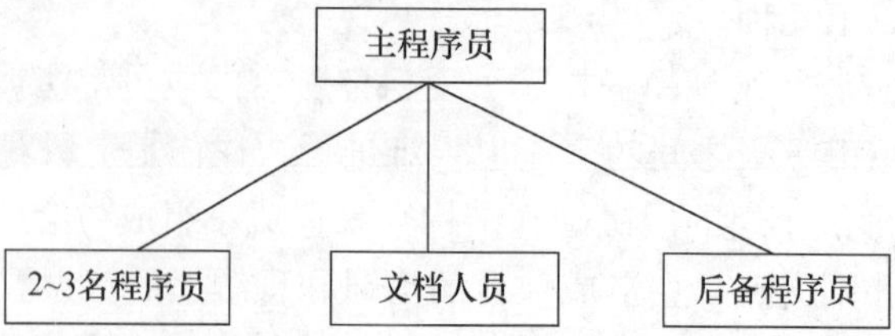

图 6-6 主程序员小组结构

6.3.4 人员能力成熟度模型

美国的软件工程研究所（Software Engineering Insititute，SEI）致力于软件开发过程的研究，对软件开发人员的培养与规范提出了人员能力成熟度模型（Personal Capability Maturity Model，P-CMM），作为软件机构提高人力资源管理方式的框架，如图 6-7 所示。

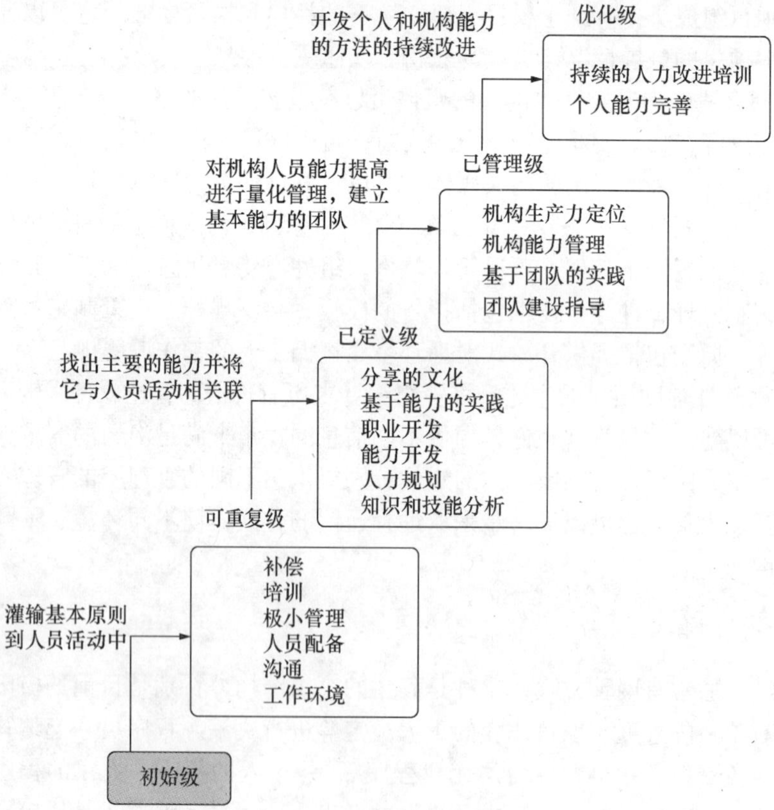

图 6-7 人员能力成熟度模型

- 初始级：特定的、非正规的人员管理实践。
- 可重复级：制定政策，开发员工的能力。
- 已定义级：使得整个机构的成功的人员管理实践标准化。
- 已管理级：制定并引入量化了的人员管理目标。

- 优化级：经常使用提高个人能力的改进措施。

P-CMM 是一种对软件开发机构来说如何更好地促进人员管理的实用工具，为激励、标准化和完善成功实践提供了一个框架。可以改善软件机构中人员管理模式，不断提升员工能力，提高组织能力，从而生产出高质量的软件产品。

6.4 成 本 管 理

软件项目的开发要对项目进行估算，项目的成本包含很多方面的因素，如人员工资、管理费用、系统维护、培训费用、调查费用、照明、通信、其他设施等都可以作为成本。一旦项目开始规划，就要对软件成本进行估算，并且不断随着项目的进行，管理人员定期地更新成本估算。软件成本估算的目的是要客观地、精确地预测软件开发成本。

6.4.1 软件生产率

软件生产率评估一般是基于软件属性的测量，除以开发中投入的总的工作量。可以使用两种方法度量。

1. 面向规模的度量

根据活动输出的量来衡量。通常计算源程序的代码行数或计算目标代码的长度等。

2. 面向功能的度量

通过分析软件总的功能有多少，用给定时间内生产出来的有用功能的数量来表示生产率。

因此，生产率可以根据程序员每人每月源程序代码行数进行计算，先计算移交上来的源程序代码行数，再将这个数量除以完成该项目总的人月时间，这个时间包括系统需求分析、设计、实现、测试和文档编写所需用的时间。

生产率也可以采用功能点计算的方式，用每人每月生产的功能点来表示。在程序中的功能点数是通过度量或估算下面的程序特征得到的：

- 外部输入和输出；
- 用户交互；
- 外部接口；
- 系统使用的文件。

固定功能点计数是将具有上述特征的数量的总和乘以一定的权值，表示为：

$$\text{固定功能点计数} = \sum\text{（给定类型程序特征的数量）}\times\text{权值}$$

然后对上面公式获得固定功能点计数值与系统整体复杂度相关的附加复杂度因子，对固定功能点数进行修正，得到整个系统的最终的功能点计数。复杂度因子考虑了系统的规模、复用程度、性能要求等。

对象点是功能点方法的另一种表示，可用于数据库编程或脚本语言编程的计算。程序中对象点的数目是对以下各方面的一个加权估算：

- 分离的现实屏幕页数；
- 生成的报表数；
- 为补充数据库编程代码的模块数。

将上面几个方面根据规模大小分为对象点数。对象点只涉及屏幕、报表和传统编程语言中的模块。

功能点和对象点计数可以同代码行估算模型联合使用。软件生产率不仅依赖于代码行的计算，同时也受多方面因素的影响。影响软件生产率的因素如表 6-3 所示。

表 6-3　影响软件生产率的因素

影响因子	描　述
应用领域的经验	应用领域知识有利于软件开发的效率的提高
过程质量	选择的开发过程促进软件开发
项目规模	项目规模增大会影响开发时间和开发效率
技术支持	友好的开发工具 CASE 可以提高效率
工作环境	良好的工作环境可以提高生产率

应用领域和机构会使软件开发生产率发生显著的变化。因此，在实施生产率计算时要考虑多方面影响因素。

6.4.2 软件估算技术

软件系统成本估算并没有一种简单的方法，要考虑的因素很多，软件估算技术不同，方法的精确性也不同，所有方法都需要管理人员的经验判断，并根据自己的实践经验应用到新的项目所需资源的估算中。成本估算的技术见表 6-4。

表 6-4　软件估算技术

技　术	描　述
算法成本模型	采用软件规模度量建立项目的成本模型
专家评判	根据软件开发技术以及领域专家的知识和经验对项目成本进行估算，比较分析和探讨
类比估计	对相同应用领域的项目完成情况进行对比，进行新项目成本的估算
帕金森定律	规定所有可用时间均为工作时间，由人数乘以总工作时间即为需要的工作量
根据客户预算报价	估算的工作量依赖于顾客的预算

软件估算技术更多地依赖于软件管理人员的知识和经验，但是计算机技术的发展变化很大，产生了很多新的开发方法和技术，如：

- 分布式对象系统；
- Web 服务的应用；

- 使用商业上现成的软件而不是从头开发；
- 使用复用技术开发；
- 使用多种 CASE 辅助工具等。

如果软件管理人员没有用过这些技术，可能对软件项目估算产生很大的偏差，很难准确地估算出成本。

在对软件项目进行估算时，结合上述估算技术采用自上而下或自下而上的方法。自上而下的方法通常与算法估算模型相关，明确地规划整个项目的总体估算，根据软件系统的总体结构估算系统的总体工作量，然后从上而下地按照软件结构分解的层次结构，将总工作量分解为每一个子任务或子模块所需要的工作量。从总体软件结构进行估算，能够考虑到系统的总体规模，但忽略了某些子任务可能存在的工作量估计不足，因为没有对任何子任务进行估算。因此，在使用自上而下的方法的同时结合自下而上的方法。自下而上的方法根据系统任务分解图，对每个任务进行估计，系统总的工作量是由每个子任务的工作量累加起来构成的。它能够详细地估算出子任务的工作量，能够准确估算出每个子任务的工作量，但对系统总体规模估计容易造成虚报现象，对于全新的项目或没有其他专家知识或经验可以借鉴时，建议使用自下向上的方法。

6.4.3　成本估算模型

软件工程研究人员已经提出很多算法模型用来估算工作量、成本。成本估算模型基于项目的规模、开发过程和产品要素等因素进行估算，成本估算模型可以通过对已完成项目的成本及其特性的分析进行估算，使计算公式接近实际情况。成本估算模型主要用于估算软件的开发成本，可以表示为：

$$E = A \times Size^{B} \times M$$

其中，E 为工作量；A 代表常数因子，反映机构的实际情况和开发软件类型；Size 是代码行数或者为用功能点或对象点表示的数量；B 是指数，通常在 1～1.5 之间，它反映大型项目工作量不成比例的因素；M 是一个复杂因子，反映开发过程、产品特性和开发特征等受影响的因素。算法估算模型受不同开发阶段对软件规模的不同估计影响，如项目早期阶段对估算 Size 值有很大的不确定性，但随着开发的深入，程序的代码行数越来越明确，能够给出接近实际的数值，使估算接近实际情况。变化情况如图 6-8 所示。

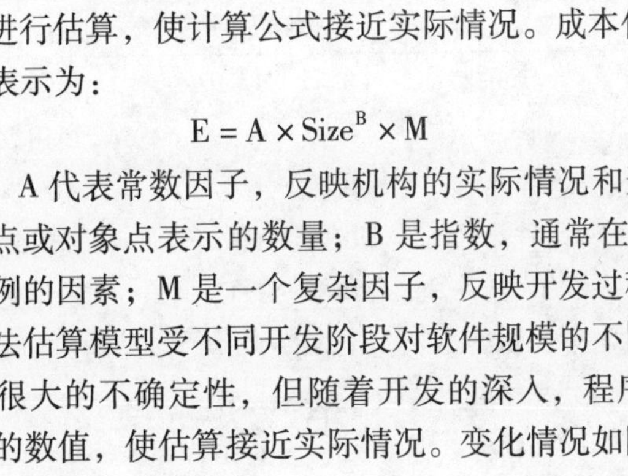

图 6-8　算法模型估算的不确定性

下面介绍COCOMO（Constructive Cost Model）模型。COCOMO模型是一个经验模型，经历了不断变化的过程，它的第一版本是一个三层模型，表示为COCOMO2，对软件细节逐层详细地描述。三层估算模型分别是：

（1）应用系统组成模型，主要用于估算构建原型的工作量，提供了初始、粗略的估算。

（2）早期设计模型，适用于软件体系结构设计阶段，使用多个项目和过程因子修正上一层的结果。

（3）开发阶段模型，适用于软件开发阶段的估算，给出最详细的估算。

针对不同类型项目的特点划分基本估算公式，如表6-5所示。

表6-5　基本COCOMO2估算模型

项目复杂度	公　式	描　述
小规模的软件	$PM = 2.4 \times (KDSI)^{1.05} \times M$	由小团队开发的规模小的应用程序
较大规模的软件	$PM = 3.0 \times (KDSI)^{1.12} \times M$	较为复杂和规模较大的应用程序
嵌入式软件	$PM = 3.6 \times (KDSI)^{1.20} \times M$	集硬件、软件、环境于一体的产品

其中，PM代表工作量，KDSI是千行代码行数，以千行为单位计算，M仍然为复杂因子。M因素是由产品特性、项目、人员开发能力、平台因素、规模等因素构成，如表6-6所示。

表6-6　项目成本估算的复杂因子

成本因素	类　别	数值范围	描　述
系统可靠性	产品	0.75～1.39	所需的系统可靠性
数据库规模	产品	0.93～1.19	所用数据库的规模
产品复杂程度	产品	0.75～1.66	系统模块的复杂性
可复用组件数量	产品	0.91～1.49	所需复用组件的比例
文档的范围	产品	0.89～1.13	所需文档的范围
系统执行时间	计算机	1.00～1.67	执行时间的约束
内存限制	计算机	1.00～1.57	内存要求
开发平台的变动	计算机	0.87～1.30	平台的易变性
分析人员的能力	人员	1.50～0.67	分析员的分析能力
程序员的能力	人员	1.37～0.74	程序员的编程能力
应用领域经验	人员	1.22～0.81	对所开发的应用领域的经验
语言和工具的经验	人员	1.25～0.81	对所使用的语言的经验
人员连续性	人员	1.24～0.84	人员持续开发的时间性
软件工具的使用	项目	1.24～0.72	使用软件工具的程度
开发速度的要求	项目	1.29～1.00	要求的开发进度
不同地点开发	项目	1.25～0.78	多点工作开发的通信联系程度

用于修正估算数值的 M 因子是这些因素取值的总乘积，分为 4 类：

（1）产品属性是所开发的软件产品所必须具有的特征。

（2）计算机属性是硬件平台对软件使用的约束。

（3）人员属性反映了参加项目人员的经验和能力。

（4）项目属性是软件开发项目的特别特征。

例如，某大型项目的系统规模是 136 000 代码行数，受影响的因素有：可靠性、复杂性、内存限制、工具的使用和项目完成时间表等要求，以下给出关键影响因素的最大值和最小值，来说明它们对工作量估算的影响。

影响因素取最大值时：

- 可靠性 R = 1.39；
- 复杂度 C = 1.3；
- 内存限制 S = 1.21；
- 工具使用 T = 1.12；
- 时间表要求 P = 1.29。

所以

$$M = \prod(\text{影响因子} = \prod(R \times C \times S \times T \times P) = 1.39 \times 1.30 \times 1.21 \times 1.12 \times 1.29 \approx 3.16$$

进行 COCOMO 估算成本为：

$$PM = 3.0 \times (KDSI)^{1.12} \times M = 3.0 \times (136) \times 3.16 \approx 1290 \text{（人月）}$$

影响因素取最小值时：

- 可靠性 R = 0.75；
- 复杂度 C = 0.75；
- 内存限制 S = 1；
- 工具使用 T = 0.72；
- 时间表要求 P = 1。

所以

$$M = \prod(\text{影响因子}) = \prod(R \times C \times S \times T \times P) = 0.75 \times 0.75 \times 1.00 \times 0.72 \times 1.00 \approx 0.41$$

进行 COCOMO 估算成本为：

$$PM = 3.0 \times (KDSI)^{1.12} \times M = 3.0 \times (136) \times 0.41 \approx 168 \text{（人月）}$$

通过实例可以看出影响因子的取值直接影响成本估算的结果，因此，在进行成本估算时，应尽可能搜集更多的影响数据，分析可能存在的代码行数，尽可能接近实际成本数值。同时，成本估算也影响了人员工作量、软件开发周期、项目参加人数、所需要的总工作量的估计。项目所需的时间的计算公式为：

$$T = 3 \times (PM)^{(0.33 + 0.2 \times (B - 1.01))}$$

其中，PM 为上面公式计算的工作量，B 仍是 PM 计算公式中的指数。如对上面例子的时间计算为：

$$T = 3 \times (PM)^{(0.33 + 0.2 \times (B - 1.01))} = 3 \times (168)^{(0.33 + 0.2 \times (1.05 - 1.01))} \approx 17 \text{（月）}$$

因此，按照 COCOMO 模型计算，完成项目所需的时间是项目所需的总工作量的函数。但是，单纯用项目所需工作量除以开发所需的时间并不能说明所需要的开发人数，在软件开发过程中开发人员的人数会从一开始的几个人到达一个峰值，然后再回落。在项目刚开始时只需要几个人，负责项目的规划和描述，当项目进展到一定程度，需要完成更详细的工作，项目组成员达到高峰，经过系统实现与测试之后，开发人数在减少，最后当系统交付使用之后，由一两个人员进行运行和维护工作就可以了。在项目整个生存周期中都要避免把太多的人员加到项目中来。

6.5 质量管理

软件质量是一个复杂的概念，自软件工程 1968 年提出以来，经过几十年对软件开发技术、方法、工具的不断探求，在软件开发中采用新工艺和新技术，促进了软件质量的提高，软件质量管理越来越显示出在软件管理方面的重要性。在实践过程中软件质量一直是一个模糊的、未定义的属性，很难给予其定性和定量的度量，也就很难明确软件质量的标准。针对软件质量的不易量化的特性，好的软件质量管理者采取多种方式规划和控制质量，让每个参与产品开发的人都有强烈的产品质量意识，鼓励团队对自己的工作质量负责，不断探求提高质量的新方法。

6.5.1 软件质量的定义

关于质量的定义有很多种，项目管理的核心之一是项目管理必须以客户为中心，强调客户满意程度，能够符合规定的要求和满足客户的需求。因此，质量的定义包括符合目的或用途的、用户对产品的要求或是系统提供的服务和约束要求等内容。确切的定义是：软件产品满足规定的和隐含的需求能力的特征的总称。软件质量反映了三方面内容。

（1）软件需求是度量软件质量的基础，不满足需求的软件难以给出质量度量。

（2）软件质量的保证是依靠软件开发标准。

（3）软件质量包含了规定的和隐含的需求。

软件质量贯穿了软件整个开发过程，是软件开发过程中采用的各种开发技术和检验方法的最终体现。软件质量是软件满足软件需求说明中明确描述的以及隐含的需求内容，其中，明确说明的需求是指用户明确提出的需求或要求，或在合同中明确规定的；隐含的需求可能是用户对社会的期望和影响，或者是公众公认的、不言而喻的、不需要做出规定就认可的需求。如自动化软件控制过程可以提高生产率和降低劳动强度等，都会成为软件系统的隐含需求。所有的软件质量定义都明确或隐含地接受产品的以客户为中心的要求，它体现了软件质量管理的重要性。因此，定义软件质量就等价于定义一系列质量特性，McCall 等人提出了软件质量特性的具体内容如下。

（1）正确性。在预定的环境下，软件满足设计规格说明及完成用户预期目标的程度。

（2）可靠性。软件按照设计要求，在规定时间和条件下无故障、持续运行的程度。

（3）效率。为了完成预定功能，软件系统所需的计算机资源的多少。

（4）完整性。保证数据的完整，避免数据受到破坏或改动、遗失的能力。

（5）可用性。用户掌握软件系统需要学习、使用软件及为系统准备的输入数据和解释输出所需要的工作量大小。

（6）灵活性。修改和改进已投入运行的软件所需要的工作量大小。

（7）可移植性。将一个软件系统从一种计算机系统环境移植到另外一种计算机系统环境运行所需要的工作量大小。

（8）可复用性。软件系统或其中的部件能够再次用于其他软件系统的开发的程度。

（9）互连性。又称为互操作性，连接软件系统与其他系统所需工作量的大小。如连接到互联网、其他系统的局域网等。

（10）可测试性。测试软件以确保其能够执行预定的功能所需要的工作量的大小。

6.5.2　软件质量的管理过程

软件质量的管理过程主要是通过对软件开发过程所获得交付物的标准来明确定义的，这些标准包括各种特性及这些特性满足的要求，还包括对项目过程的要求，如规定执行过程应遵循的规范和标准。因此，质量管理主要是监控项目的交付物和执行过程，确保它们符合相应的标准。软件质量管理主要包括质量保证（Quality Assurance，QA）和质量控制（Quality Control，QC）两个方面内容，质量保证是定义软件质量如何达到以及开发机构如何知道软件达到所要求的质量水平的过程，确保项目满足相关的标准。质量控制是采取适当的方法监控项目结果，确保结果符合质量标准，以及跟踪缺陷的排除情况。

1. 质量保证

质量保证需要定义或选择应用于软件开发过程或软件产品的标准，需要制定以下两种标准。

（1）产品标准。用于待开发的软件产品。包括文档标准，如生成的需求文档结构、文档编写标准、编码编写标准等。

（2）过程标准。过程标准定义了软件开发过程必须遵循的过程，包括对描述、设计和有效性验证过程的定义，以及对在这些过程中产生的文档的描述。

产品标准和过程标准之间的关系非常密切，产品标准用于软件过程的输出，过程标准包括各种专门的过程活动，确保产品标准的执行。质量保证参照国际和国家标准，其产品标准和过程标准如表 6-7 所示。

表 6-7　产品标准和过程标准

产品标准	过程标准
定义评审形式	定义评审操作
需求文档结构	配置文档的子任务
方法标题格式	版本发布过程
Java 编程风格	项目计划批准过程
项目计划格式	更改控制过程
需求变更形式	测试记录过程

软件质量保证的三个主要要点是：

（1）在项目进展过程中，定期对项目各个方面的表现进行评价；

（2）通过评价来推测项目最后是否能够达到相关的质量指标；

（3）通过质量评价来帮助项目相关的人员建立对项目质量的信心。

在软件开发过程中，质量保证的主要任务是对项目执行过程和项目产品的检查，验证它们与项目采用的过程标准是否一致，确保对项目进行客观公正的审核和评价。软件质量管理人员定期对项目质量计划执行情况进行评估、审核和提出改进建议。通常质量保证活动包括：

（1）项目产品审计。根据质量保证的产品标准进行质量审查，质量保证管理者依据相关的产品标准编写产品审计要素，然后根据产品审计要素对提交的产品进行审计，同时记录不符合项，将不符合项与项目相关人员进行确认，根据确认结果编写产品审计报告，同时向项目管理者提交产品审计报告。

（2）项目执行过程审计。项目执行过程审计是对项目的执行过程进行检查，以确保所有活动遵循规程进行。

2. 质量控制

质量控制包括监督检查整个软件开发过程，以确保质量保证规程和标准得到严格执行，确定项目结果是否与质量标准相符，同时消除不符合的原因和方法，控制产品的质量，及时纠正缺陷。对于高质量的软件应该达到零缺陷，而由于软件开发是以人为中心的活动，出现缺陷是不可避免的，因此，要想交付一个高质量的软件，消除缺陷的活动变得尤为重要，消除缺陷的办法是通过评审和测试等质量控制活动来实现的。通过质量控制可以提高产品的质量，一般由开发人员实施，直接对项目工作结果的质量进行把关。质量控制的三个要点是：

（1）检查控制的对象是项目工作结果；

（2）进行跟踪检查的依据是相关的质量标准；

（3）对不满意的质量问题需要进一步分析产生的原因，确定应采取何种措施来消除这些问题。

质量控制贯穿于项目执行的全过程，它的主要活动有：技术评审、代码走查、代码评审、系统整个测试过程和缺陷追踪等。

6.5.3 软件质量的度量

软件质量度量（Metric）是软件系统、过程或相关文档的任何类型数据的度量，对软件开发项目、过程及其产品进行数据定义、收集以及分析的持续性量化过程，目的在于对软件质量加以理解、预测、评估、控制和改善。通过软件质量度量可以改进软件开发过程，能够为项目管理者提供有关项目的各种重要信息，它包括三方面的度量：项目度量、产品度量和过程度量。具体描述如表 6-8 所示。

表6-8　软件质量度量的三个方面

度量分类	侧　重　点	具体描述
项目度量	理解和控制当前项目的情况和状态	规模、成本、工作量、进度、生产力、风险、客户满意度
产品度量	侧重理解和控制当前产品的质量保证，对产品质量的预测和控制	功能性、可靠性、易用性、效率、可维护性、可移植性
过程度量	理解和控制当前情况和状态，对过程的改善和未来过程的预测	成熟度、管理、生产率、缺陷植入

也可以采取对软件质量的外部属性与其有关的内部属性的对应关系来分析和度量质量。如图6-9所示，给出了软件质量的外部属性，如可维护性、可靠性、可移植性和可用性，完全与开发者和用户如何看待软件有关，它们受到软件系统内部属性的影响。

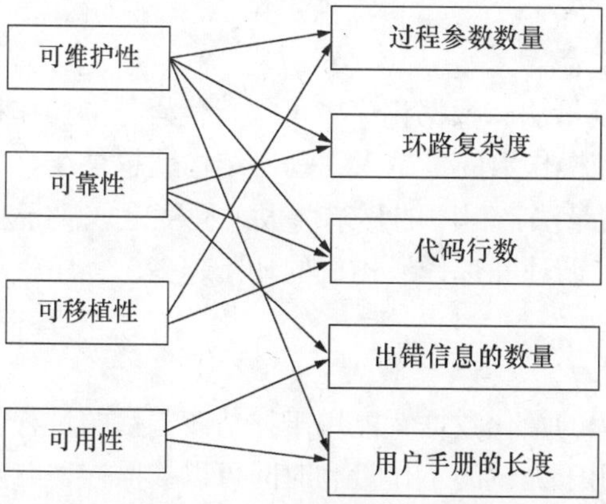

图6-9　软件质量的内部属性和外部属性的关系

软件质量的外部属性和内部属性之间存在一定的联系，可以对软件质量的内部属性进行准确的评估，对内部属性与外部属性之间的关系寻求某种公式化的对应关系，这种关系能够经过验证、被人们所理解、形成一定的公式或模型表示出来，推出软件质量的外部特性，更加有利于对软件质量寻求改进措施。

1. 产品度量

产品度量关注软件本身的特性，容易度量的软件质量特性，如规模大小和回路复杂度，与可理解性、可维护性等质量外部特性之间并不存在直接的对应关系，这种关系随着开发过程、技术以及被开发系统的不同而不同。因此，在产品度量中将度量的内容分为两类。

（1）动态度量。通过评估运行的程序收集相应的数据进行度量。可以度量软件系统的效率和可靠性，与软件属性有着直接的关系。如记录系统运行的失败次数和失败的类型等来度量系统的可靠性。

（2）静态度量。通过评估系统的表现形式（如文档、程序等资料）进行的度量。与质量属性存在间接关系，可以参见图6-9。经过试验导出和验证这些度量与系统的可靠性、可理解性以及可维护性等存在着关联。表6-9所示为静态软件产品度量的属性。

表6-9 静态软件产品度量属性

软件度量	描述
扇入/扇出	扇入是测量某模块被其他函数调用的函数个数，扇出是某模块调用其他函数的函数个数。扇入数大表示该模块与其他模块联系比较紧密，不宜于更改；扇出数大表示该模块复杂性很高，需要有很强的控制逻辑协调所调用的模块
代码长度	模块代码越长，程序越复杂，易于出错
环路复杂度	环路复杂度代表程序结构控制的复杂程度
标识符长度	标识符越长，越易于理解
条件嵌套的深度	很深的嵌套时程序难于理解并容易出错

比较常见的度量方法有：

- Halstead 复杂性度量法：根据程序中可执行代码行的操作符和操作数的数量来计算程序的复杂性。操作符和操作数的量越大，程序结构就越复杂。
- McCabe 复杂性度量法：程序的复杂性很大程度上取决于程序控制流的复杂性，单一的顺序程序结构简单，循环和选择所构成的环路越多，程序就越复杂。

2. 过程度量

过程度量是软件过程的量化数据，能用于评估改善后的过程效率，对当前项目或产品的属性的度量。例如，用于测试的工作量和时间可以被监控，对测试过程的有效改善能够减少工作量。能够收集的过程度量数据有三类。

(1) 完成某一特定过程所花的时间。这个时间可以是过程总的耗费时间，或某个工程人员在过程中所花费的时间。

(2) 某个特定过程所需要的资源。可以是人数度量的总的工作量、差旅费或者是计算机资源。

(3) 某个特定事件发生的次数。可以监控到的事件发生频度，如代码检查时发现的缺陷数量、需求变更请求的数量、修改代码行数等。

过程度量的目标是提高程序开发的生产率、缩短开发时间、提高软件系统的可靠性等。要想达到过程度量的目标，需要收集度量数据，过程度量包括：以代码行为单位的程序员的生产率、需求变更时的信息交换次数、引起项目失败所需要的测试次数。因此，过程度量需要进行过程分析与过程建模。过程分析是要研究存在的过程，了解过程的不同部分之间的关系。过程分析的输出是一个过程模型，可以详细地表示过程特征，即过程改善对软件开发过程带来影响的各个方面的信息，包括过程活动、可交付内容、人员、通信、进度以及其他的机构过程等。

6.5.4　提高软件质量的途径

软件质量改善可以从产品改善、过程改善角度出发，也可以从软件质量度量的影响因素考虑，同时结合全面质量管理（Total Quality Management，TQM）。软件质量评价模型是从整体上评价软件质量，以便在软件开发过程中对软件质量进行控制，并对最终软件产品进行评价和验收的模型。充分运用质量评价模型，可以极大地提高软件质量，寻求更好地解决问题的办法。

目前，从软件整体角度度量软件质量的评价模型有很多种，以下给出三种典型的评价模型。

1. Boehm 模型

B. W. Boehm 等人于 1976 年提出了软件质量的度量模型，对软件产品质量可以从三个方面考虑：软件的可用性、可维护性和可移植性。可用性从可靠性、效率和人工工程反映用户的满意程度；可维护性可以从可测试性、可理解性、可修改性进行度量，反映软件开发人员的满意程度；可移植性代表了系统的使用环境变更时的适应情况。该模型将软件质量度量分解为若干个层次，对最低层次的软件质量属性引入量化指标，从而得到软件质量的总体评价。

2. McCall 模型

1979 年 McCall 等人改进了 Boehm 模型，形成了质量的 11 个特性，如图 6-10 所示。

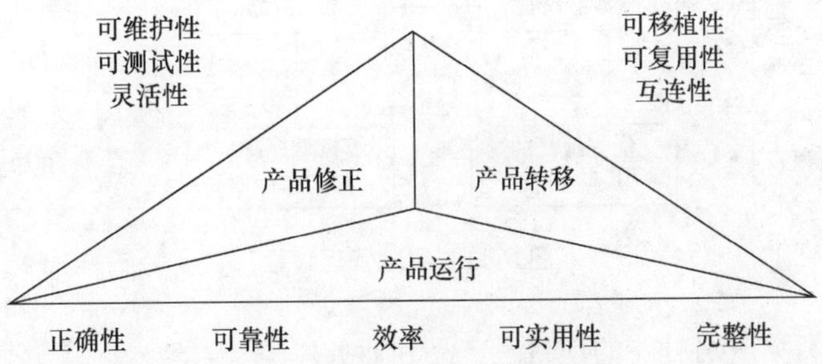

图 6-10　McCall 软件质量模型

他们认为软件质量特性能够反映出软件质量的优劣，并形成了软件质量评价准则。

3. ISO/IEC9162 质量模型

ISO 提出建议，软件质量模型应该由三层组成。

（1）高层：软件质量需求评价准则，称为质量特性；

（2）中层：软件质量设计评价准则，称为质量因子；

（3）低层：软件质量度量评价准则，称为度量。

从用户角度来看，软件度量包括效率、生产力、安全和满意度。效率表示软件产品辅助用户获得准确完整的制定目标的性能；生产力是指软件产品帮助用户为了效率所花费适当数量的资源的性能；安全性表明软件产品对业务、财产或环境的危害具有可以接受的风险等级的性能；满意度代表了用户对软件产品的满意程度。ISO 的三层模型与 McCall 模型相似。

6.6 风险管理

软件开发总会存在风险，能够预见可能影响项目进度或正在开发的软件产品质量的风险，并采取行动避免这些风险，是项目管理者应该具备的能力，也是软件管理的重要内容。风险分析的结果以及风险发生的后果分析都应该在项目计划中记录下来，有效的风险管理能使管理者及时面对这些问题，避免这些风险带来的巨大影响。

6.6.1 风险管理的过程

风险管理的主要目标是对风险进行识别，预防风险，达到风险监控。风险可以看成是一些不利因素实际发生的可能性，风险可能危及整个项目、正在开发的软件或者开发机构。风险管理对软件项目尤为重要，项目都存在固有的不确定性，这些不确定产生于不明确的需求描述、对软件开发所需时间和资源估算的困难、项目对个人技术的依赖以及由于客户需求发生变换而引起的需求变更。项目管理者应能够预见风险，了解风险对项目、产品和业务的影响，并采取措施规避这些风险。图 6-11 给出了风险管理的过程，包括：

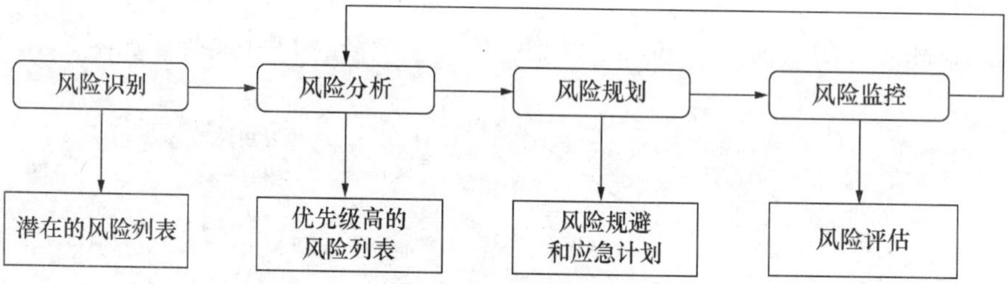

图 6-11 风险管理过程

（1）风险识别。识别可能的项目、产品和业务风险。

（2）风险分析。评估这些风险出现的可能性及其后果。

（3）风险规划。制定计划，说明如何规避风险或降低风险对项目的影响。

（4）风险监控。对风险进行评估，并修改规避风险的计划。

风险管理过程是贯穿项目全过程的反复进行的过程。从最初的计划制定开始，项目就处于被监控状态，不断收集风险信息，进行风险分析，制定新的风险计划，对风险规避和应急计划要进行修正。

6.6.2 风险识别

风险管理首先进行的是风险识别，主要发现项目可能存在的风险。以下列出可能的风险类型，包括项目风险、技术风险和商业风险。

(1) 项目风险。影响项目进度或项目资源的风险，主要识别潜在的预算、进度、人员、组织、资源、用户、需求等方面的风险，如项目复杂性、规模和结构等都可能成为风险。

(2) 技术风险。影响正在开发的软件的质量或性能的风险，主要识别潜在的设计、实现、接口、检验和维护等方面的风险。还有分析、设计说明书的二义性、技术的不确定性、新技术的不了解等因素，也会引起软件质量的风险。

(3) 商业风险。影响软件开发机构或软件产品购买机构的风险，如存在的市场销售的风险、用户不满意的风险、失去用户方的承诺等。

表 6-10 给出了三类风险的实例。

表 6-10　可能出现的软件风险

风　险	风险类型	描　述
计划编制风险	项目	计划不能及时跟上变化进行修正
职员跳槽	项目	有经验的开发人员未完成项目跳槽
管理层变更	项目	管理人员和管理结构的变化引起项目关注点不同
需求变更	项目	软件需求与预期有很大不同
硬件设备缺乏	项目	项目所需的基础硬件不能及时提供
开发环境的风险	技术	新技术、新计算机环境的影响
设计和实现的风险	技术	开发人员的设计和实现不能满足项目的需求
产品竞争	业务	同类产品先于该产品发布
企业机构战略变更	业务	企业不能兑现对软件机构的承诺

识别属于上述类型中的某些特定项目的风险，通过分析、判断，给出确定的可能风险，帮助管理人员估计风险的影响。

6.6.3　风险分析与评估

在进行风险分析时，项目管理者应考虑已经识别出来的风险，并对风险出现的可能性和严重性做出判断，根据风险严重程度的大小，按顺序进行排列。项目计划人员、管理人员和开发人员一起进行风险分析与评价活动，包括：

- 建立一个尺度，以反映风险发生的可能性；
- 描述风险的后果；
- 估算风险对项目及产品的影响；
- 标注风险预测的整体精确度，以免产生错误。

因此，从两个方面对风险进行分析与评估。

(1) 一个是估计风险发生的可能性，给出风险出现的可能性，如非常小（<10%）、小（10%～25%）、中等（25%～50%）、大（50%～75%）或非常大（>75%）。

(2) 另一个是与风险有关的问题可能引起的后果，可能的结果有灾难性的、严重的、可以容忍和可以忽略等4类。

对风险进行进一步的确认后，某一风险假定出现后，分析是否有其他风险出现，确定风险出现时造成的最坏情况，如何将此风险的影响降低到最小，并对风险的不确定性进行量化，确定风险可能造成损失的程度。可以列出风险清单，如表6-11所示，包括风险出现的可能性和可能引发的后果。

表6-11 风险清单

风险	风险类型	出现的可能性	概率大小	引发的后果
资金流失或削减	商业风险	非常小	5%	灾难性
需求发生变更，设计要返工	项目风险	中等	40%	严重
技术达不到预期效果	技术风险	小	30%	严重
人员流动	项目风险	大	60%	可容忍
低估软件规模	项目风险	大	70%	可容忍

在风险清单中，概率可以由项目组成员的个别估算，得到一个有代表性的值，根据风险产生的后果，可以对影响评估的因素进行分析。风险的分析和排序，必须综合考虑风险出现的可能性大小和风险的影响后果。

6.6.4 风险规划与监控

在进行软件项目风险管理时，要标识出潜在的风险，评估它们出现的概率及产生的影响，并按照影响的程度加以排序，建立规划来管理风险，有效的风险管理可以提高项目的成功率。因此，项目管理者要考虑已经识别出的每一个重大风险，确定处理风险的策略，对不同的风险项要建立不同的风险规避和监控的策略。包括：

（1）规避策略。采用这些策略会降低风险出现的可能性。

（2）最低风险策略。采用这些策略会减少风险的影响。

（3）应急计划。可以采取适当的对策处理。

如对于开发人员离职的风险，在项目开始应做好人员流动的准备，采取一些措施确保人员离开时项目仍然能够继续，制定文档标准并建立一种机制，保证文档及时产生，对每个关键技术岗位要培养后备人员。因此，及时跟踪风险，定期对识别的风险进行评估，从而确定风险出现的可能性是变大还是变小，风险影响后果是否有所改变。具体内容包括：

- 实施对重要风险的跟踪；
- 定期对风险进行一次跟踪；
- 风险跟踪应与项目管理中的整体跟踪管理相一致；
- 风险项目应随着时间的不同而相应地变化。

软件开发是高风险的活动。如果项目采取积极的风险管理的方式，可以避免或降低许多风险，而这些风险如果没有处理好，就可能使项目陷入失败的境地。因此，在软件项目管理中进行风险跟踪，对辨识后的风险在系统开发过程中进行跟踪管理，确定未来的变化，以便及时修正计划。通过风险跟踪，进一步对风险进行管理，从而保证项目计划的如期完成。

本章要点

软件工程管理的对象是软件项目，它所涉及的范围覆盖了整个软件工程过程。本章的主要内容是认识软件工程管理的目的和重要性，了解软件项目管理的过程，详细描述软件项目管理的内容和方法，包括进度管理、人员管理、成本管理、质量管理和风险管理。

练习

6.1　解释软件系统的无形性给软件项目管理带来的困难。

6.2　根据下表中给出的各项任务的持续时间和任务之间的依赖关系，绘制出任务网络图和条形图，并规划出人员与任务的分配图。

任　务	持续时间	依赖关系
T1	3	
T2	5	
T3	2	
T4	4	T1，T2
T5	5	T2，T3
T6	7	T2，T3
T7	6	T5，T6

要求：

（1）任务网络图标出每个任务的最早起止时间、最迟起止时间；

（2）标出项目完成的关键路径和项目完成时间；

（3）当 T4 任务没有按期完成时，是否会影响整个项目完成时间？

6.3　在选择人员进行软件项目的开发时，应该考虑哪些因素？

6.4　在软件项目开发中，采取何种策略组织项目小组？哪种方式的小组组织结构比较适合现代软件的开发？

6.5　如何能够增强小组的凝聚力？

6.6　软件成本的估算都采用哪些方法？

6.7　已知某公司想要获得一中型软件项目，购买该软件需要 500 000 元，如果公司内部自己开发，估计所能达到的代码行数是 213 000，采用 COCOMO2 模型进行估算，按照每人月 4 000 元计算，给出比较过程，决定公司是购买还是开发？为什么？（在不考虑其他因素影响的前提下）

6.8　软件质量管理的特殊性有哪些？采取何种方式可以提高软件质量？

6.9　在你所了解的软件项目开发中，都有哪些风险因素？你认为比较容易引起重大后果的风险都有哪些？

参 考 文 献

[1]〔美〕Roger S. Pressman 著. 软件工程——实践者的研究方法（Software Engineering-A Practitioner's Approach）. 北京：机械工业出版社.

[2] 张海藩. 软件工程导论（第四版）. 北京：清华大学出版社.

[3]〔美〕Philippe Kruchten. Rational 统一过程引论. 北京：机械工业出版社.

[4]〔美〕Steve McConnell. 快速软件开发. 北京：电子工业出版社.

[5] Sami Zahran. 软件过程改进. 北京：机械工业出版社.

[6] Object-Oriented and Classical Software-Engineering（Fifth Edition）. 北京：机械工业出版社.

[7] Project-based Software Engineering. 北京：高等教育出版社.

[8] Stephen R. Schach 著. Object-Oriented Classical Software Engineering 7th. 北京：机械工业出版社.

[9] 瞿中，吴渝等编著. 软件工程. 北京：机械工业出版社.

[10] Ian Sommerville 著. 程成，陈霞译. 软件工程. 北京：机械工业出版社.

[11] Shari Lawrence Pfleeger 著. Software Engineering Theory and Practice. 北京：高等教育出版社.

[12] Ian Sommerville 著. 程成，陈霞译. 软件工程（第 8 版）. 北京：机械工业出版社.

[13] 张海藩编著. 软件工程. 北京：人民邮电出版社.

[14] 李代平等编著. 软件工程设计案例教程. 北京：清华大学出版社.

[15] 史济民等编著. 软件工程原理、方法与应用. 北京：高等教育出版社.

[16]〔希腊〕Spinellis D 著. 韩东海译. 高质量程序设计艺术. 北京：人民邮电出版社.

[17] 韩万江著. 软件工程案例教程. 北京：机械工业出版社.

[18] 林锐，顾晓刚，谢义军. 高质量程序设计指南 C++/C 语言. 北京：电子工业出版社.

[19] 张克东，等. 软件工程与软件测试自动化教程. 北京：电子工业出版社.

[20] 郑人杰著. 计算机软件测试技术. 北京：清华大学出版社.

[21]〔美〕Ron Patton 著. 周予滨，姚静译. 软件测试. 北京：机械工业出版社.

[22] 郑人杰，殷人昆，陶永雷编著. 实用软件工程. 北京：清华大学出版社.

[23] 韩万江，等. 软件项目管理案例教程. 北京：机械工业出版社.

[24]〔美〕Kathy Schwalbe 著. 邢春晓等译. IT 项目管理. 北京：机械工业出版社.

[25]〔英〕Bob Hughes，Mike Cotterell 著. 廖彬山等译. 软件项目管理. 北京：机械工业出版社.